Karl Ballod

Der Staat Santa Catharina in Südbrasilien

weitsuechtig

Karl Ballod

Der Staat Santa Catharina in Südbrasilien

ISBN/EAN: 9783943850161

Auflage: 1

Erscheinungsjahr: 2013

Erscheinungsort: Bremen, Deutschland

@ weitsuechtig in Access Verlag GmbH, Fahrenheitstr. 1, 28359 Bremen. Alle Rechte beim Verlag und bei den jeweiligen Lizenzgebern.

Cover: Foto © Carsten Selber

weitsuechtig

Die hier folgende Arbeit bildet den Versuch einer wissenschaftlichen Darstellung der physikalischen und wirtschaftlichen Verhältnisse des Staates Santa Catharina in Südbrasilien. Um diese Verhältnisse aus eigener Anschauung kennen zu lernen, hat sich der Verfasser dieser Arbeit zweimal (September bis Oktober 1889 und Juni 1890 bis Februar 1891) in Santa Catharina aufgehalten und dabei vorzugsweise den Süden des Staates kennen gelernt. Die vorliegende Litteratur ist versucht worden in einer möglichst kritischen Weise zum Vergleich heranzuziehen.

Santa Catharina erstreckt sich von 26° 30' südl. Br. bis 29° 18' südl. Br. Der Flächeninhalt beträgt nach den meisten Angaben 74156 qkm; die Einwohnerzahl 216000. Die Insel Santa Catharina (550 qkm) soll nach der Zählung vom 31. Dezember 1890 circa 25000 Einwohner gehabt haben, darunter die Hauptstadt Desterro selbst 9000, die Kolonie Blumenau 26400, Azambuja 5000. Brasilianische Volkszählungen, so auch die von 1890, bieten jedoch durchaus keine sehr zuverlässigen und lückenlosen Resultate.

Die orographischen und die Bodenverhältnisse.

Santa Catharina wird durch das nordsüdlich verlaufende Küstengebirge, die Serra Geral oder Serra do Mar in zwei Teile zerlegt: in das im Mittel 800—1000 m sich erhebende Hochland, das zum Stromsystem des Laplata gehört, und in das 30—150 (im Mittel 70—100) km breite und 400 km lange Küstengebiet, das von einer ganzen Anzahl westlich fliessender Küstenflüsse entwässert wird. Die im Mittel 1000—1500 m sich erhebende Serra Geral ragt im Süden des

Staates steil, fast mauerartig auf, bildet nach der Mitte des Staates zu das auf über 2000 m sich erhebende Massiv der Serra do Trombudo, an welches sich die ins Küstenland vorspringende Serra da Boa Vista, welche die etwa 1100 m hoch gelegenen Campos gleichen Namens trägt, anschliesst. Letztere besteht aus durch »Trapp« gehobenen sedimentären Gesteinen. Darauf teilt sich die Serra in zwei Ketten, deren erstere vom grossen Itajahy (Itajahy Assú) durchbrochen und gewöhnlich als Serra do Mar, deren zweite, weiter zurückliegende, man als Serra Geral bezeichnet. Diese beiden Ketten schliessen ein über 100 Quadratmeilen grosses, im Mittel 2—500 m hochgelegenes Gebiet ein. Es wird von Quellarmen des Itajahy entwässert und besteht aus Sandsteinen, die häufig von eruptiven Bildungen durchbrochen sind. Nach Norden zu scheint dieses Gebiet ziemlich sanft und allmählich in die etwa 800 m hohen, vielfach zerklüfteten Campos von São Bento und weiterhin vom Rio Negro überzugehen, deren westlichen Abfall die durchschnittlich 1000 m hohe Serra de S. Miguel mit dem sich daran anschliessenden Jaraguastock (1140 m), bildet. Diese Serra Geral bildet die Wasserscheide zwischen dem Flussgebiet des Laplata und den Küstenflüssen, bloss von einigen geringfügigen Zuflüssen des Itapocú im Norden und des Araranguá im Süden wird sie durchbrochen. Die Serra ragt nur wenig über das anliegende Hochland auf, so dass sie mehr als der vielfach erodierte und ausgezackte Absturz des Hochlandes anzusehen ist, der im Süden durch ausgedehnte Absenkungen oder Verwerfungen des Küstengebietes entstanden sein mag, im Norden und in der Mitte mögen auch Faltungen das ihrige gethan haben. Das Hochland zeigt im allgemeinen mehr sanfte, wellenförmige Erhebungen und neigt sich nur ganz allmählich zum Laplata. Das Küstenland zeigt bloss im Norden (in Donna Francisca) und im Süden, wo sedimentäre Bildungen aufgelagert sind, sanftere Formen, sonst ist es ungemein wild zerrissen und zerklüftet, besonders da, wo granitische Bergketten oder eruptive Bildungen (namentlich »Trapp«) zu Tage treten; kegelförmige Kuppen gleich riesigen Maulwurfshügeln wechseln ab mit steilen Bergzügen und Bergrücken, die öfters 30, ja 40° und mehr Steigung haben und selten auch nur einige Kilometer in einer Richtung verlaufen, unterbrochen durch tiefe Thäler und Schluchten, in denen sich unzählige Wasserrinnsale ihr Bett gegraben haben. Es ist, als ob ein wild bewegtes Meer, dessen Wellen Hunderte von Metern Höhe haben, plötzlich erstarrt wäre. Ketten der Granit- und Gneisformation ziehen sich bis zur Küste, bilden eine Menge Vorgebirge und tauchen selbst in einiger Entfernung von der Küste als Inseln wieder auf, so die Insel Santa Catharina. Das ganze Küstengebiet gehört der Urgneisformation an, welcher jedoch vielfach jüngere Sedimente, hauptsächlich ein thoniger Sandstein, aber auch Schiefer aufgelagert sind, die ihrerseits von zahlreichen vulkanischen Bildungen, besonders »Trapp«, aber auch Basalten durchbrochen sind, letzteres namentlich im 1000 m hohen Morro do Bahú, nördlich vom Itajahy. Kalke oder Mergel sind dagegen kaum anzutreffen, ein angebliches Vorkommen von Marmor und grauem Kalkstein an der Küste zwischen Itajahy und Cambriu erwähnt Prof. Dr. H. Lange [1]; auch W. v. Hundt berichtet von einem rötlichen Marmor in der Kolonie Urussanga [2], allein diese Angabe ist sehr unzuverlässig. Thatsache ist jedenfalls, dass sämtliche Küstenflüsse ein ungemein weiches kalkarmes Wasser haben, was ja Wäscherinnen sehr zusagen mag, für die Landwirtschaft infolge der daraus resultierenden Kalkarmut des Bodens bedenklicher erscheint. In der Kolonie Donna Francisca hat nach Dr. Wohltmann das Wasser der meisten Flüsschen und Brunnen nur $1/2 - 1$ Härtegrad, die meisten Gewässer wiesen nur 0,1 g an getrocknetem Rückstand in einem Liter Wasser auf, der dabei noch zu 30—80 % organischen Ursprungs war [3]. Eine genauere Untersuchung der jüngeren sedimentären Bildungen seitens eines geschulten Geologen hat noch gar nicht stattgefunden, was übrigens bei den an Versteinerungen armen

---

[1] H. Lange, Südbrasilien, 2. Aufl., Berlin 1885, S. 127.
[2] Santa Catharina, Gera 1887, S. 128.
[3] Dr. F. Wohltmann, Handb. der tropischen Agrikultur, I, Leipzig 1892, S. 128.

Sandsteinen und der überwuchernden Vegetation mit nicht
geringen Schwierigkeiten verknüpft wäre. Nach Sellow, der
in den zwanziger Jahren das Küstenland von Südbrasilien
bereiste, und nach Vasconcellos[1]) gehört der Sandstein
der Serra der Tertiärformation an; letzterer hat in der Serra
São Martinho, am südlichen Fuss in den Sandsteinen 10—20
Fuss lange und 5—6 Fuss dicke Stämme verkieselten Holzes
von Dikotyledonenstruktur gefunden und meint, dieselben
könnten nicht älter sein als die jüngste Sekundärformation
(Kreide). Mit Sicherheit weiss man übrigens nicht einmal das
Alter der unter der Serra sich hinziehenden, teils schiefrigen,
teils Schwefelkies enthaltenden Kohle, die an den Quellen
des Tubarão (und auch den des Araranguá) in einer Mächtigkeit von 3—4 m zwischen Sandsteinen zu Tage tritt. Diese
Kohle stimmt ihrer Beschaffenheit nach vollkommen mit der
in Rio Grande do Sul bei Jaguarão gefundenen Kohle,
welche Vasconcellos für eine schwarze Glanzkohle aus
der Tertiärzeit erklärt. Nach A. Hettner[2]) gehören indessen
die Pflanzenreste der Kohlen in Rio Grande zur Glossopteris-
flora und wahrscheinlich zur Trias. Was die praktische Ver-
wendbarkeit dieser Kohlen betrifft, so wusste bereits Woldemar Schulz[3]), dass sie wenig Hitze geben und wenig
Coaks erzeugen, somit geringwertig sind. Dennoch hat man
späterhin auf ihre Ausbeutung grosse Hoffnungen gesetzt,
der Visconde Barbacena erwarb 1863 im Bezirk der
Tubarãokohlen 2 ☐ Leguas Land und brachte nach längerem
vergeblichen Bemühen schliesslich eine englische Gesellschaft
zu stande, die mit 7% Zinsengarantie auf ein Kapital von
5451 Contos (12½ Millionen Mark) seitens der brasilianischen
Regierung eine 111 Kilometer lange Eisenbahn vom Küsten-
platz Impituba bis zu den Kohlenlagern baute. Die Eisenbahn

---

[1]) Memoria geologica sobre os terrenos do Curral Alto e serra do roque, Porto Alegre 1851.

[2]) Das südlichste Brasilien, Zeitschr. d. Gesellsch. f. Erdkunde in Berlin 1891, S. 85—144.

[3]) Studien über agrarische und physikalische Verhältnisse in Süd-brasilien, Leipzig 1865, S. 120.

wurde 1884 fertig und nun ging man mit einigen hundert Arbeitern an die Ausbeutung der Kohlen, deren Untauglichkeit für Dampfkesselfeuerung infolge ihres Eisenkiesgehaltes und geringen Brennwertes nun bald erkannt und darauf der Abbau eingestellt wurde. Eine brasilianische Kommission von Ingenieuren, die im Juni 1890 die Kohlenlager besuchte und ein »Relatorio sobre os terrenos do carvào do Tubaráo«, Rio de Janeiro 1890, herausgab, gibt die Geringwertigkeit der Kohlen zu, empfiehlt jedoch neue Bohrungen anzustellen, um vielleicht auf taugliche Kohlenschichten zu stossen, was wohl kaum wahrscheinlich sein dürfte. Für Briquetsfabrikation mögen sich übrigens die Tubaràokohlen ebenso wie die Kohlen von São Jeronymo in Rio Grande do Sul eignen. Vulkanische Erscheinungen oder Erdbeben sind gegenwärtig so gut wie unbekannt, doch legt neben den Eruptivgesteinen auch das Vorhandensein warmer Quellen bei Theresiopolis im Cubatàothal und am Tubaráo von einstiger vulkanischer Thätigkeit Zeugnis ab.

Was das Vorkommen von Metallen anlangt, so finden sich in der Serra an den Araranguáquellen Kupfererze, auch Silbererze sollen im vorigen Jahrhundert an den Quellen des Laranjeiras, eines Zuflusses des Tubaráo, von Jesuiten verarbeitet worden sein. Man findet daselbst noch eine verfallene, ehemalige Jesuitenniederlassung, von verwilderten Orangenhainen umgeben, die jedoch zunächst wohl dem Zwecke der Mission unter den Indianern dienen mochte. Eisenerze kommen häufig vor, so namentlich Raseneisenstein in Donna Francisca und bei Laguna. Ob die Erze den Abbau lohnen würden, darüber fehlen noch alle genaueren Untersuchungen.

An der Küste kommen sehr häufig Sambaquis vor, es sind das Muschelhügel, die zuweilen einen Durchmesser von 100—150 m bei einer verhältnismässig geringen Mächtigkeit haben. Ueber ihren Ursprung sind wir noch nicht hinreichend aufgeklärt, wahrscheinlich waren es Lagerplätze von Indianern, die die Muscheln genossen haben, nach anderer Meinung auch Begräbnissstätten von Indianerhäuptlingen, thatsächlich hat man menschliche Knochen und ganze Skelette in ihnen gefunden. Gegenwärtig wird fast aller Kalkbedarf aus ihnen gewonnen, wodurch sie natürlich in absehbarer Zeit zu verschwinden drohen.

Was die Verwitterungsschicht oder Bodenkrume des Küstenlandes betrifft, so besteht sie auf geneigtem Terrain (Bergen und Hügeln) zumeist aus einem gelben oder roten Lehm, schwarzer Humus ist dagegen in einer kaum zolldicken Schicht, auf weite Strecken gar nicht aufgelagert, bloss die Thalsohlen der grösseren Flüsse enthalten einen von angeschwemmten Humusbestandteilen dunkel gefärbten, in der Regel sehr fruchtbaren, thonigen oder sandigen Alluvialboden. Es wäre indessen ein grober Irrtum, wenn man aus dem Nichtvorhandensein einer schwarzen Humusschicht auf Unfruchtbarkeit schliessen wollte, wie es neue Ankömmlinge aus dem Norden häufig thun. Humusansammlungen bilden sich im Süden wegen der bedeutend schnelleren Zersetzung organischer Stoffe weit schwieriger als im Norden. Indessen ist der Humus im Süden auch weniger notwendig wegen der höheren Bodenwärme und dann weil seine absorbierenden Eigenschaften zum Teil durch Eisenoxyd und Thonerde vertreten werden können, Stickstoff wird aber bei reichlichem Regenfall in hinreichenden Mengen aus der Luft geliefert [1]). Bodenanalysen haben dabei ergeben, dass es solchen Rot- und Gelberden öfters durchaus nicht an Humus und Stickstoff fehlt, dass die letzteren Bodenbestandteile aber häufig durch Thonerde und Eisenoxydteilchen inkrustiert und verdeckt sind.

Wenn Wohltmann meint, die Rot- und Gelberden seien eine unvollkommene Phase der Lateritbildung [2]), so ist das bloss insoweit zuzugeben, als sich dieser Ausspruch auf Urwaldboden bezieht (der im Küstengebiet von Santa Catharina freilich vorherrscht), nicht aber als ob es im Bereich der Rot- und Gelberden an einer hinreichend langen Epoche der Lateritbildung, sowie an hinreichenden Mengen Eisen im Boden gefehlt hätte, wie Wohltmann weiter ausführt; sind

---

[1]) Wohltmann, Tropische Agrikultur, Kap. II, 1, S. 100 f.
[2]) Ebenda, S. 226.

sie doch gerade vorherrschend aus archäischen und älteren Eruptivgesteinen gebildet, auch durchaus nicht sehr arm an Eisen. Laterit bildet sich nach Prof. Dr. Pechuel-Loesche in dichten Waldgebieten erst, nachdem die Vegetation abgeräumt ist[1]), wenn dann die Insolation mit voller Kraft wirken kann, der Boden abwechselnd austrocknet und wieder von Regen durchtränkt wird, wobei zugleich eine Anreicherung an Eisen stattfindet, indem Thon, Kalk und Alkalien ausgewaschen und weggeführt werden. Die typischen Lateritgebiete sind ja zumeist Strauch- oder Baumsteppen, in denen die Sonne fast ungehindert auf den Boden einwirken kann; die starke Hitze im Wechsel mit heftigen Regengüssen bedingen die porös-schwammige, wasserdurchlassende Beschaffenheit des Laterites, der zugleich an mineralischen Pflanzennährstoffen verarmt ist. Der Boden der Campos von Rio Grande do Sul zeigt ja nach A. Hettner[2]), wo er thonig oder lehmig ist, ebenfalls eine lateritartige Beschaffenheit, mit dem er auch in Bezug auf Mangel an wichtigen Pflanzennährstoffen übereinstimmt, indessen sind auch die Gelb- und Roterden der brasilianischen Waldgebiete, von vulkanischen Verwitterungsböden abgesehen, nicht sehr reich daran, und es sind daher wohl weniger die chemischen Eigenschaften, die sie vom Laterit unterscheiden, sondern eher die physikalischen, indem sie nicht so porös-schwammig und wasserdurchlassend sind.

Lehmiger Kampboden oder ein Boden, wo nach dem Entwalden auch die später gewachsene Capoeira (Buschwald) wiederholt niedergeschlagen ist, dürfte kaum einen Unterschied von Laterit aufweisen. Wenn Wohltmann[3]) weiter die Eisenkonkretionen der Laterite als Unterscheidungsmerkmale derselben von den Gelb- und Roterden anführt, so gibt er (S. 159) selbst zu, Braunsteinkonkretionen in Santa Catharina gefunden zu haben, die er aber nicht für »echte« Lateritkonkretionen hält und nach Posewitz[4]) bildet Granit

---

[1]) Pechuel-Loesche, Kongoland, Jena 1887, S. 355 f.
[2]) Zeitschr. d. Gesellsch. f. Erdkunde in Berlin 1891, S. 85—144.
[3]) Wohltmann, Tropische Agrikultur, S. 148.
[4]) Lateritvorkommen auf Bangka, Petermm. Mitteil. 1887, S. 21 f.

stets einen quarzhaltigen, plastischen roten Lehm ohne Eisenkonkretionen. Ueberhaupt fehlt es wohl noch an hinreichenden Forschungen, um zwischen Laterit und Roterde eine Grenze zu ziehen, der Name Laterit ist ja übrigens kaum 1½ Jahrzehnte alt, die Bezeichnung Roterde viel älter.

Im allgemeinen gilt für Urwaldboden die Regel: je dunkler, desto fruchtbarer, je heller, desto unfruchtbarer, was damit zusammenhängt, dass die hellen gelben Lehme zumeist aus einem thonigen Sandstein, paläozoischen und archäischen Bildungen hervorgegangen sind, wobei die Bodenkrume schon ursprünglich arm war, oder doch durch die langen Zeiträume, in denen die Atmosphärilien auf sie einwirken konnten, verarmte. Die roten Lehme sind dagegen meist aus Urgesteinen und eruptiven Bildungen hervorgegangen, die ausserdem von Natur eisenreicher waren, wie denn Prof. Orville A. Derby die eigentliche terra roxa in São Paulo, das Kaffeeland par excellence nur aus Diorit, Diabas und Melaphyr entstanden sein lässt. Die Gelb- und Roterden der Kolonie Donna Francisca, die meist aus paläozoischen und archäischen Bildungen entstanden sind, weisen nach Wohltmann (Trop. Agrik. S. 226) im Durchschnitt von 12 Bodenproben bloss einen Gehalt von 0,073 % CaO, 0,292 MgO, 0,072 P_2O_5 (im Maximum 0,140, im Minimum 0,015) und 0,073 % K_2O auf, dabei aber circa 0,25 % Stickstoff, enthalten also hinreichende Mengen Stickstoff, leiden dagegen an einer ausgesprochenen Kalk-, Kali- und Phosphorsäurearmut, die Erträge der Kulturpflanzen sind entsprechend dieser Nährstoffarmut gering. Leider liegen uns keine Bodenanalysen aus den Alluvialgebieten der grösseren Flüsse, des Itajahy Tubarão und Ararangúa, die erfahrungsmässig sehr fruchtbar sind, vor; ebensowenig Analysen von vulkanischen Roterden. In São Paulo weisen nach Draenert[1] die besten Roterden (bei Casa Branca) einen Phosphorsäuregehalt von 0,24—0,53 % auf, dabei 0,17—0,14 % Kali und 0,77—0,84 % Stickstoff, sind also sehr nährstoff- und humus-

---

[1] Die Landwirtschaft São Paulos, Landwirtschaftl. Jahrbücher von Thiel 1890, S. 222.

reich. Ausser den Gelb- und Roterden findet sich auf den Bergen auch vielfach Kiesboden. Es ist das wohl ein aus der Zersetzung von grobkörnigen, quarzreichen Graniten und Gneisen entstandener Grus, der gewöhnlich von Humusbestandteilen schwarz gefärbt ist und Knollengewächsen sehr zusagt. Im allgemeinen tritt aber der fruchtbare Boden, als welcher nur der rote Lehm, soweit er aus vulkanischen Gesteinen entstanden und der Alluvialboden der Flussthäler zu betrachten ist, sehr zurück gegenüber den mittelmässigen und geringwertigen Böden, so dass wohl kaum $1/3 - 1/4$ des Küstengebietes von Santa Catharina guten Boden enthält.

Was das Hochland anlangt, so findet sich daselbst besonders in den Vertiefungen ein tiefschwarzer Boden in einer Mächtigkeit von $1/2 - 1$ m, auch darüber. Dieser schwarze Boden ist nicht Humus, sondern eine Art Moorboden, unter Wasser gebildet[1]) und nicht, wie Wohltmann annimmt, auf äolischem Wege, ähnlich wie Löss und Regur, entstanden oder gar identisch mit Tschernosjom[2]), denn dann müsste seine Verbreitung gleichmässiger sein, während doch auf den Bergen und Hügeln zumeist ein gelber Lehm zu Tage tritt, in den Flussauen ein dunkler Schwemmboden sich findet, vor allem aber müsste dann die Fruchtbarkeit weit grösser sein. Die Bodenproben aus São Bento, die Wohltmann analysiert hat (Trop. Agrik. S. 183), weisen kaum einen Durchschnittsgehalt von 0,045 % P_2O_5, 0,045 % K_2O, 0,082 % CaO, dagegen 0,27 % Stickstoff auf, also wiederum genügende Mengen Stickstoff bei ausgesprochener Armut an mineralischen Pflanzennährstoffen, welche dabei noch in diesem Moorboden äusserst schwer löslich sind, eine Kultivierung ohne Düngung wäre daher selbst in den ersten Jahren völlig aussichtslos. Bodenproben eines Kampbodens aus Rio Grande do Sul die von Prof. A. Maercker analysiert wurden, wiesen kaum einen Kaligehalt von 0,035 %, 0,02—0,03 % Phosphorsäure, Spuren von Kalk, aber 0,15—0,16 % Stickstoff auf[3]).

---

[1]) Cf. Kärger, Brasil. Wirtschaftsbilder, Berlin 1889, S. 216 und S. 260.
[2]) Wohltmann, Tropische Agrikultur, S. 178.
[3]) Export 1884, S. 89.

Dennoch beruft sich Herr Oberamtmann Spielberg auf diese Bodenanalysen, indem er für Kultivation der Campos eintritt und bemerkt, dass ja der Stickstoffgehalt dieser Kampböden den der besten deutschen Rübenböden übertreffe [1]). Hier ist entgegenzuhalten, dass schon Prof. A. Mayer, der auf Bodenanalysen nicht viel gibt, dennoch für Rübenboden ein Nährstoffminimum von 0,07 % Phosphorsäure, 0,02 % Kali und 0,1 % Stickstoff verlangt [2]), dass also keine von allen Bodenproben den Minimalgehalt an Phosphorsäure besitzt, der Minimalgehalt an Kali und Stickstoff wird nur um ein Geringes übertroffen. Colomb-Pradel und Risler verlangen aber von einem tauglichen Ackerboden einen Minimalgehalt von 0,1 % an Stickstoff, Kali und Phosphorsäure, also etwa die dreifache Menge an beiden letzteren Stoffen, wie sie in den angeführten Proben enthalten war.

Es stehen daher der auch von den Herren Dr. H. v. Ihering und A. W. Sellin warm befürworteten Kampkolonisation [3]) schwere Bedenken entgegen. Solange mineralische Düngstoffe schwer erhältlich und teuer sind, ist daran kaum zu denken; Phosphorsäure wäre allerdings in dem Knochenmehl, das bereits von Rio Grande do Sul ausgeführt wird, verhältnismässig leicht erhältlich, woher aber die nötigen Massen von Kalidünger nehmen? Diese müssten doch wohl von Europa resp. Deutschland eingeführt werden, also hohe Transportkosten und Spesen tragen, wodurch der Preis mindestens verdoppelt würde. Stalldünger allein ist völlig unzureichend, um auf einem solchen Boden genügende Ernten zu erzielen, wie man es in São Bento und bei Curityba sieht. Will man aber durchaus einen derartigen unfruchtbaren Boden meliorieren und bebauen, so kann man auch in Europa inmitten der ältesten Kulturländer genug davon erhalten und braucht nicht erst Brasilien aufzusuchen, wo seine Kultur der schwierigeren Absatzverhältnisse wegen weit weniger lohnt.

---

[1]) Deutsche Kolonialzeitung 1885, S. 222.
[2]) A. Mayer, Lehrbuch der Agrikulturchemie, II, S. 71.
[3]) Cf. Export 1885, Nr. 6 und 7.

Wer denkt aber auch in Brasilien daran, mittelmässigen oder gar unfruchtbaren Boden der Kultur zu gewinnen; bebaut doch der Brasilianer und ihm nachmachend auch der deutsche Kolonist selbst den fruchtbarsten, in günstigster Lage gelegenen Boden bis zur völligen Erschöpfung ohne je an Düngung zu denken, gerade so wie es der russische Bauer auf seinem Tschernosjom macht, der ja auch häufig das ausgebaute Land verlässt, um noch jungfräuliche fruchtbare Strecken in Angriff zu nehmen (vgl. Ausland 1892 Nr. 6 und 7).

Ein fruchtbarer Boden findet sich auch auf dem Hochlande wiederum nur in den Thalsohlen der grösseren Flüsse und auf den von Urwald bedeckten jungvulkanischen Verwitterungen, namentlich am oberen Uruguay; der Kampboden ist sowohl da wo er aus der schwarzen Moorerde besteht, wie da wo er eine lehmige Beschaffenheit hat, als Kulturboden von sehr fraglichem Wert.

Was die Abgrenzung vom Kamp und Wald betrifft, so hält Dr. H. v. Ihering dafür geologische Eigentümlichkeiten, für das Camacuamland (in Rio Grande) z. B. die Verteilung von Wasser und Land in der Tertiärzeit für maassgebend, insofern als er daselbst den Kamp auf Diluvial-, Wald auf Alluvialboden gefunden hat[1]); Prof. Keller-Leuzinger meint[2]), dass Klima und Boden dafür in gleicher Weise maassgebend seien. Dies mag für Argentinien Gültigkeit haben, auf dem Hochlande von Südbrasilien mit seinem ziemlich gleichmässig verteilten Regenfall dürfte nur die Bodenbeschaffenheit maassgebend sein, insofern als die lehmigen und kiesigen Boden enthaltenden Berge auch in den Kampgegenden meist waldbedeckt sind, ebenso die fetten Flussauen; Kamp findet sich fast nur auf dem schlechtesten, unfruchtbarsten Boden (in Paraná wird allgemein nur der Waldboden als kulturwürdig betrachtet). Es ist hier zu berücksichtigen, dass die Campos seit ihrer Besiedelung resp. Besetzung mit Viehherden von den Herdenbesitzern beträchtlich vergrössert sind dadurch, dass man

---

[1]) Petermanns Mitteil. 1887, S. 297.
[2]) Deutsche Kolonialzeitung 1886 S. 211.

bei Trockenperioden, soweit es möglich war, den Wald wegbrannte, um mehr Weide zu gewinnen. Ursprünglich wird sich Kamp wohl nur auf dem schwarzen Moorboden befunden haben.

Die Hydrographie.

Die Flüsse an der Ostseite der Serra Geral sind, da das Küstenland nicht sehr breit ist, naturgemäss nur kurze Küstenflüsse, der Reichtum an atmosphärischen Niederschlägen bewirkt jedoch eine ziemliche Wasserfülle derselben. Der Itajahy, der grösste von ihnen, hat eine Länge von 350 km; die Serra Geral zieht sich in der Gegend seiner Quellen am weitesten (150 km) von der See zurück. Er hat in der Nähe seiner Mündung eine Breite von 400 m, in der Kolonie Blumenau 100—150 m; sein Entwässerungsgebiet dürfte 200—300 geographische Quadratmeilen umfassen. Die Mündung oder »Barre« hat jedoch nur 3—4 m Tiefe, das Einlaufen der Schiffe kann dabei, wenn der Fluss anschwillt und reissend wird, gefährlich werden. Der Itajahy entsteht aus drei Quellflüssen, dem Itajahy Assú, dem Süd- und dem Nordarm. Der Itajahy Assú entspringt nach Lange (Südbrasilien S. 121), der den Messungen von Odebrecht folgt, unter $27°9'$ südl. Br. und $51°15'$ w. L. Gr. Als ersten Nebenfluss empfängt er auf seiner rechten Seite den an seiner Mündung 30 m breiten und 2 m tiefen Rio Tayo, weitere bedeutende Nebenflüsse auf dem rechten Ufer sind der an seiner Mündung 16 m breite Rio Pombas und der 22 m breite Rio Trombudo. Darauf fliesst der bereits 40—60 m breite Itajahy durch ein einige Kilometer breites fruchtbares Thal, das in ein von Araukarienwald bedecktes Sandsteinplateau eingeschnitten ist, und vereinigt sich mit dem ebenso mächtigen Südarm (Itajahy do Sul), der ebenfalls auf der untersten Strecke von 10 km ruhig und tief durch ein fruchtbares Thal dahinfliesst. Wenige Kilometer weiter nach unten engen Berge den Fluss ein, er wird reissend und wild, darauf erweitert sich wieder das Thal, und es werden einige zerstreute, vorgeschobene Ansiedelungen sichtbar (sonst ist ja alles waldbedeckte Wildnis, höchstens von einigen hundert wilden

Indianern bevölkert). Darauf verengt sich jedoch wieder das
Thal, der Fluss bildet den Salto do Pilão (Mörserfall), der
14 m Höhe hat und noch in 215 m Seehöhe sich befindet,
etwas unterhalb dieses Falles mündet der noch fast gänzlich
unerforschte Nordarm (Itajahy do Norte), und es folgt nun
eine ununterbrochene Reihe von Wasserfällen und Stromschnellen, indem der Fluss die Serra do Mar, die Küstenserra
durchbricht, wobei er die sedimentären Formationen durch-
nagt und sein Bett in Urgestein eingeschnitten hat; überall
treten an den Flussrändern Granite, Syenite, Porphyre zu
Tage. Der Fluss stürzt hier auf 18 km Flusslänge um
150 m. Hier tritt der etwa 1000 m hohe Subidaberg unmittelbar an den Fluss. An diesem Berge ist der Weg ins obere
Itajahythal sehr geschickt angelegt, so dass es kaum über
6% Steigung zu überwinden gibt. Unterhalb dieses Berges
erweitert sich wieder das Thal eine kurze Strecke bis auf
2 km, und es beginnt nun eine ununterbrochene Reihe von
Ansiedelungen, die sich nun etwa 100 km weit nach unten
(bis Gaspar, 16 km unterhalb Blumenau) erstrecken. Die
mittlere Thalweite beträgt im Durchschnitt nur $1/2 - 3/4$ km,
selten $1 - 1^1/3$ km; der Itajahy selbst nähert sich bald dem
einen, bald dem anderen Bergabfall, die gewöhnlich mindestens 100—200 und mehr Meter ziemlich steil aufragen,
jedoch sehr stark ausgezackt und zerklüftet sind. Der Fluss
ist durch die Kolonie noch reich an Stromschnellen, der letzte
einige Meter hohe Wasserfall befindet sich nur 6 km oberhalb Blumenau. Auf dieser Strecke münden rechts die ziemlich geringfügigen Nebenflüsse Neisse, Bode, Ilse, der Encano,
Velha, Garcia, die hauptsächlich Sandsteinschichten durchbrechen und deren Entwässerungsgebiet keinen guten Boden
aufweist; links münden weit bedeutendere Nebenflüsse: der
Beneditto, der ein sehr fruchtbares Thal hat und weit hinauf
besiedelt ist, ebenso wie die folgenden Nebenflüsse Testo,
Itoupava und Belchior und zuletzt der Luiz Alves. An diesen
linksseitigen Zuflüssen herrschen Urgesteine und eruptive Bildungen (z. B. der bereits erwähnte Morro do Bahú, dann
der Morro do Itoupava) vor und die Ländereien sind bedeutend besser als an den rechtsseitigen Nebenflüssen. Bei

der »Villa« Blumenau beginnt der schiffbare Unterlauf des Itajahy, indessen können Seeschiffe von 2—3 m Tiefgang doch nur bis Gaspar (16 km unterhalb Blumenau) hinaufkommen, da weiterhin bei der Mündung des Belchior ein Felsenriff das Flussbett kreuzt, so dass nur Fahrzeuge von unter 1 m Tiefgang höher hinaufkommen können. Bis Gaspar (60 km oberhalb der Mündung) reicht auch noch die Flut. Einige Kilometer vor der Mündung ergiesst sich noch der kleine Itajahy (Itajahy Mirim) in den Hauptfluss. Der Itajahy Mirim durchfliesst die Kolonie Brusque und ist für flachgehende Kanoes etwa 50 km hinauf fahrbar, transportiert wird jedoch auf ihm nichts. In die See mündet der Itajahy unter 26° 52′ südl. Br. und 48° 55′ w. L. Gr. Der Unterlauf des Itajahy enthält an seinen Rändern die fruchtbarsten, weil Ueberschwemmungen ausgesetzten Auengelände des ganzen Gebietes, dieselben sind noch zum grössten Teil unbesiedelt, weil im Privatbesitz und weil die Besitzer warten wollen, bis die Preise der Ländereien recht hoch gestiegen sein werden.

Von den im Norden von Santa Catharina mündenden Küstenflüssen ist zunächst der Rio Cubatão an der Nordgrenze der Kolonie Donna Francisca erwähnenswert, derselbe durchfliesst ein ziemlich fruchtbares, namentlich für Zuckerrohrbau geeignetes und auch angebautes Thal, welches die besten Ländereien von Donna Francisca enthält. Dann folgt der ziemlich unbedeutende Rio Caxoeira, an dem das Städtchen Joinville liegt, bis zu welchem kleine Fahrzeuge bis zu 15 Tons Gehalt hinaufkommen können. Weiter folgt der ziemlich bedeutende Itapocu, der eine Länge von vielleicht 150—200 km hat und mehrere Nebenflüsse, darunter den Pirahy, den Itapocusinho, den Humboldt auf der linken, den Jaragua, der an dem Gebirgsstock gleichen Namens einmündet auf der rechten Seite empfängt. Der Itapocu entspringt in der Kolonie São Bento an der Serra S. Miguel, durch sein Thal lässt sich die bequemste Verbindung mit dem Hochlande herstellen. Sein Thalgelände wird zwar ebenfalls als sehr fruchtbar und deshalb sehr besiedelungsfähig gerühmt, indessen liegen über die Fruchtbarkeit noch nicht längere praktische Erfahrungen vor, da abgesehen von den am Unterlauf an der rechten Seite ansässigen Brasilianern das ganze Gebiet erst seit wenigen Jahren der Besiedelung erschlossen ist; die Bodenproben aus dem Itapocuthal, deren Analysen Wohltmann (Trop. Agrik. S. 226) anführt, weisen durchaus keinen fruchtbaren, sondern nur einen mittelmässigen Boden auf, da der Phosphorsäuregehalt kaum 0,06—0,08 %, der Kaligehalt 0,05—0,06 % beträgt. Die ersten Jahre nach der Urbarmachung mag ja dieser Boden noch gute Ernten geben, jedoch ziemlich bald erschöpft werden. Kaerger, der zwei Jahre am Itapocu ansässig gewesen, berichtet, dass selbst frischer Urwaldboden für Düngung sehr empfänglich gewesen (Brasil. Wirtschaftsbilder, S. 123), und gedüngt alle Pflanzen weit besser gediehen als ungedüngt, was auf keinen sehr fruchtbaren Boden schliessen lässt. Die Mündung des Itapocu ist fast vollständig verstopft.

Von den südlich vom Itajahy einmündenden Flüssen ist der Rio Tejucas zu erwähnen, der eine über eine Quadratmeile grosse Mündungsebene gebildet hat; er ist mehrere Meilen weit für Küstenfahrzeuge fahrbar, und sein ziemlich fruchtbares Thal ist weit hinauf von Brasilianern besiedelt. Er entspringt an der Serra da Boa Vista unter 27° 30′ südl. Br. Der Rio Biguassú entspringt weiter südlich an der Ostseite der Campos da Boa Vista, sein Thal ist ebenfalls fruchtbar und von Brasilianern besetzt, er ist circa 25 km weit für Kanoes fahrbar. An seinem Oberlauf befindet sich die seit 1829 angelegte deutsche Kolonie São Pedro d'Alcantara. Der Mitte der Insel Santa Catharina gegenüber münden der Maruhy und der bedeutendere Cubatão, die eine ein paar Quadratmeilen grosse Mündungsebene einschliessen, die jedoch nach der See zu sehr niedrig liegt und zum Teil versumpft ist. Soweit sich fruchtbarer Boden findet, ist alles dicht von Brasilianern besiedelt. Der Cubatão ist einige Meilen hinauf bis S. Amaro für Kanoes fahrbar, an seinem Oberlauf und an seinen Nebenflüssen, dem Cedro, Rio S. Miguel u. s. w., liegt die 1860 angelegte deutsche Kolonie Theresiopolis mit dem Stadtplatz in 200 m Höhe, derselbe ist von steilen Bergen eingefasst, wie denn die ganze Kolonie die steilste und zerrissenste Bodenbeschaffenheit in Santa Catharina aufweist, die Thäler sind vielfach nicht breiter als das Flussbett selbst.

Die besten Ländereien in Santa Catharina, was natürliche Fruchtbarkeit betrifft, durchfliessen die südlicheren Flüsse, der Tubarão und der Araranguá. Allerdings darf auch hier nur das jüngere Alluvialland, das die Flüsse selbst abgesetzt haben, als fruchtbar gelten, nicht aber die älteren sedimentären Bildungen, auch wo sie wie in der Nähe des Araranguá ausgedehnte ebene, oder sanft gewellte, waldbedeckte Flächen vorstellen, noch weniger die an der See sich hinziehenden, sandigen oder sumpfigen, ebenfalls ziemlich ausgedehnten Kampflächen, die an der Küste in reinen, vegetationslosen Dünensand übergehen, der oft einen mehrere Kilometer breiten Streifen bedeckt. An den beiden letztgenannten Flüssen findet sich die Eigentümlichkeit der Uferleisten besonders stark ausgeprägt; die unmittelbar an den Uferrändern anliegenden Teile der Thalsohle sind nämlich durch die bei den Ueberschwemmungen mitgeführten Sinkstoffe erhöht worden, da die üppige, mit Unterholz, Schlinggewächsen versetzte Vegetation sie verhindert hat, sich überall gleichmässig auszubreiten; die hinten liegenden Teile der Thalsohle sind gewöhnlich durch das von den Bergen herabfliessende Wasser, wo es die Ränder nicht durchbrechen konnte, versumpft; häufig, namentlich am unteren Araranguá, liegen die Sümpfe im Hintergrunde kaum höher als der Flussspiegel, so dass sie also nur schwer entwässert werden können. Der untere Araranguá und zum Teil auch der untere Tubarão besitzen im Mittel $1/4 — 1/2$ km breite, fruchtbare Uferleisten, stellenweise ragt am Araranguá der Uferrand nur 10—20 m breit wallartig auf zwischen dem Fluss und den Sümpfen, was wohl darauf zurückzuführen ist, dass der Fluss das betreffende Uferstück unterwaschen hat.

Der Tubarão bildet sich aus zwei Quellflüssen, die an der Serra do Mar entspringen, nämlich dem Rio Bonito und dem Passa Dois, die sich bei Minas, Endstation der Tubarãobahn, in 200 m Seehöhe vereinigen. Diese Flüsschen durchbrechen ein 250 bis 400 m hoch gelegenes Sandsteinplateau, das die bereits erwähnten Kohlenlager enthält. 7 km unterhalb Minas fliesst dem Tubarão der etwa 30 km lange Oratorio zu, der in seinem durchschnittlich $1/4$—$1/2$ km breiten Thale einen ziemlich guten Schwemmboden enthält; 1891 ist das Thal von Kolonisten besiedelt worden. Am Oratorio führt auch ein ziemlich beschwerlicher, den Fluss circa 28mal kreuzender Maultierpfad nach der daselbst 1313 m hohen Serra hinauf.

Weitere 4 km unterhalb mündet der bedeutend mächtigere Quellarm, der Laranjeiras in den Tubarão. Am Laranjeiras führt ebenfalls ein Maultierpfad der an den Fluss herantretenden Berge wegen bald auf dem einen, bald auf dem anderen Ufer nach dem Pass von Imaruhy, wo die Serra verhältnismässig am leichtesten zu ersteigen ist. Der Pass von Oratorio steigt auf der letzten Strecke von 2000 m circa 700 m an, hat also eine Steigung von 1 : 3; zum Passieren dieser schlimmen Strecke braucht ein beladenes Maultier hinauf zwei, herunter eine Stunde; der Imaruhypass hat eine Steigung von 1 : 5 bis 1 : 6. Auch das Thal des Laranjeiras und seines Nebenflusses Hippolyto ist im Mittel $1/4$—$1/2$, stellenweise nach oben hin bis zu 1 km breit und ziemlich fruchtbar, jedoch bei Anschwellungen des Flusses zuweilen Ueberschwemmungen ausgesetzt, es ist noch sehr schwach besiedelt. Das Thal des Oratorio ist, wie das des Laranjeiras, in Sandsteinschichten eingeschnitten, deren Oberfläche nur mittelmässigen Wald trägt, offenbar infolge geringer Fruchtbarkeit. 15 km unterhalb Minas liegt die Eisenbahnstation Orleans (100 m) am Tubarão, der hier auf einer 50 m langen Brücke überschritten wird. Die in der Nähe dieser Station einmündenden Flüsschen, der Rio Novo und der Rio Bello, durchbrechen 150—300 m hoch gelegene Sandsteinschichten, welche an einigen Stellen von 3—500 m aufragenden, wahrscheinlich vulkanischen Gesteinen durchbrochen werden, die an der Oberfläche einen fruchtbaren roten Lehm zeigen, sonst enthalten die Thäler dieser Flüsschen des starken Falles wegen kein fruchtbares Schwemmland, sind aber dennoch überall besiedelt. Unterhalb von Orleans hat der Tubarão Thalerweiterungen, die 2—3 km Breite haben und äusserst fruchtbar sind, namentlich bei Raposa, wo der Rio Palmeiras einmündet. 15 km unterhalb Orleans überschreitet die Eisenbahn wiederum den Tubarão auf einer 100 m langen Brücke, 3 km weiter nach unten liegt die Station Pedras Grandes (40 m), an der der 12 m breite gleichnamige Fluss mündet, an welchem letzteren eine Fahrstrasse nach den italienischen Kolonien Azambuja (10 km entfernt in 145 m Seehöhe) und über den 400 m hohen Rancho dos Bugres nach Urussanga (28 km in 40 m Seehöhe) hinaufführt. Das Thal verengt sich nun durch die herantretenden Berge von vorherrschend krystallinischer Struktur. 5 km unterhalb der Station mündet der Nordarm des Tubarão, der Braço do Norte, der die doppelte bis dreifache Menge Wasser heranführt wie der eigentliche Tubarão. Der Nordarm durchfliesst in seinem unteren Laufe auf 30—40 km die 1870 begründete, von 120—150 Familien besiedelte deutsche Kolonie gleichen Namens. Diese Kolonie ist infolge ihres fruchtbaren Bodens, der stellenweise ziemlich ausgedehnten Auengelände, namentlich aber auch infolge der zur Zeit des Baues der Tubarãobahn und der Anlage der Kolonien Azambuja (seit 1877) und Grão Para (seit 1883) sehr günstigen Absatzverhältnisse die wohlhabendste Kolonie in Santa Catharina geworden; freilich sind die Kolonisten (Westfalen, zum Teil Rheinländer) durchweg arbeitsam, auch jetzt erzielen sie eine Durchschnittseinnahme von etwa 1 Conto jährlich pro Familie. In geistiger Beziehung sind die Leute jedoch sehr verwahrlost. Der unterste Nebenfluss des Nordarmes ist der auf seiner rechten Seite mündende Rio Pinheiros, der 30—40 km lang ist und ein sehr tiefes und schmales, schluchtenartiges Thal durchfliesst, durch welches ebenfalls eine Strasse nach dem Imaruhypass hinaufführt; im Unterlauf ist das Thal von deutschen, höher hinauf von italienischen Kolonisten dicht besiedelt. Höher hinauf fliesst dem Nordarm der ziemlich bedeutende Rio Pequeno zu, der bei dem Stadtplatz von Grão Para 15 km oberhalb seiner Mündung, aus zwei Quellarmen, dem Braço Esquierdo und dem Braço direito zusammenfliesst, welche noch auf 15—20 km von polnischen und italienischen Kolonisten besiedelt sind; das Land an ihnen gehört, ebenso wie das am Rio Pinheiros, zur bereits erwähnten, circa 24 Leguas = 100 000 ha grossen Privatkolonie Grao Para. Die Thäler sind weniger umfangreich und fruchtbar wie unten am Nordarm und dem ebenfalls noch von deutschen Kolonisten besiedelten Rio Pequeno. Der obere Lauf des eigentlichen Braço do Norte und seiner Nebenflüsse des Rio Fortuna, Rio Bravo, ist zum Teil von deutschen Kolonisten besiedelt und gehört zur Kolonie Grào Para, auch haben die älteren Braço do Norter Kolonisten daselbst Land für ihre Söhne hinzugekauft. Das Land ist, abgesehen von den Thalsohlen, sehr steil und zerrissen, zu beiden Seiten des Flusses steigen aus Urgesteinen bestehende Berge von 2—300, ja 5—600 m Höhe an; die Berge sind meist mit einer humosen Kiesschicht bedeckt, in der die Mandiocawurzel, das Hauptviehfutter der Kolonisten, trefflich gedeiht. Im Oberlauf der Flüsse flachen sich die Berge mehr ab, und es treten ausgedehnte Sandsteinbildungen auf. Die Auengelände des Braço do Norte sind nicht so fruchtbar wie die des eigentlichen Tubarào bis auf 2 km unterhalb Orleans, sie ähneln mehr den weiter nach oben oberhalb Orleans liegenden Thalgeländen des Tubarào und Laranjeiras; daraus erklärt sich auch, dass der eigentliche Tubarào schon frühzeitig bis nach Raposa und höher hinauf von vereinzelten brasilianischen Niederlassungen besetzt war, während die an dem Nordarm gelegenen Ländereien bis 1870 völlige Wildnis waren.

13 km unterhalb der Mündung des Nordarmes, bei Pinheiros wird der Tubarào für Kanoes und selbst grössere Segelfahrzeuge schiffbar; bis dahin ist sein Bett von grossen Steinen erfüllt und reich an Stromschnellen (der Nordarm ist ebenfalls nicht schiffbar, nicht einmal gut flossbar, wegen der vielen Steine). Das Tubaràothal erweitert sich nun auf 1—1 ½ etwas niedriger auf 2—3 km, es folgt nun eine 12 km lange Strecke, die äusserst fruchtbar, überall angebaut (stellenweise unausgesetzt seit 40 bis 60 Jahren) und von Brasilianern dicht besiedelt ist. Die Bewohner bauen fast nur Mais und schwarze Bohnen, auf den in der Nähe befindlichen Bergen auch etwas Zuckerrohr. Die einzelnen Besitzungen sind von Dornhecken oder von Orangenbaumreihen eingefasst, was mit den Bergen im Hintergrunde dem Ganzen einen

ungemein reizenden Anblick verleiht. Inmitten dieser Kulturebene liegt das Städtchen Tubarão, 25 km von Pedras Grandes. 3 km unterhalb Tubarão mündet der Capivary, der auf 40 km bis Gravatá für Kanoes fahrbar und dessen fruchtbares Thal ebenfalls von Brasilianern dicht besiedelt ist. Gravata ist auch der Stapelplatz für die Produkte der Kolonisten am Braço do Norte, da es nur 10 km von der Mitte der Kolonie, auf verhältnismässig gutem fahrbaren Wege, entfernt ist. Der Oberlauf des Capivary, der durch ein schmales, von steilen Bergen eingefasstes Thal fliesst, ist von deutschen Kolonisten besetzt, die ihre Erzeugnisse auf Maultieren nach Desterro bringen und trotz der 5—7tägigen Hin- und Rückreise, wegen der daselbst erzielten höheren Preise, sich sehr gut stehen. Am rechten Ufer des Capivary, kurz vor der Einmündung in den Tubarão, erstrecken sich die Campos von Pirituba; sie gehören der Regierung, und die Bewohner der Umgegend lassen daselbst ihr Vieh weiden. Sie sind häufigen Ueberschwemmungen ausgesetzt. Unterhalb der Mündung des Capivary fliesst der Tubarão noch eine Meile zwischen niedrig gelegenen, ausgebauten Landstrecken, die zum Teil mit schwächlicher Capoeira bedeckt sind, zum Teil als Viehweide benutzt werden; darauf geht das Terrain völlig in Sumpf über, der sich nun bis kurz vor der Stadt Laguna, wo der Tubarão in die Küstenlagune einmündet, etwa 2—3 Meilen hinzieht. Diese Lagune, zugleich der Hafen von Laguna, hat eine Länge von 30—40 km, jedoch nur einige Kilometer Breite, an der schmalsten Stelle, wo die Eisenbahn nach Tubarão sie auf einer eisernen Brücke überschreitet, nur 1 1/2 km. Die Tiefe beträgt jedoch nur einen, selten mehrere Meter, es findet sich nur eine tiefere, 6—8 m tiefe Rinne von einigen Kilometern Länge und ein paar hundert Metern Breite vor der Stadt Laguna. Die Hafeneinfahrt, zugleich Mündung des Tubarão, hat wegen einer vorgelagerten Sandbank nur 2—2,5 m Tiefe; früher mag sie wohl tiefer gewesen sein, da Laguna die älteste Stadt von Santa Catharina ist und der Hafen früher als gut galt, freilich gingen die Segelschiffe der früheren Zeit nicht tief. Die Lagune verschlammt jetzt durch die vom Tubarão mitgeführten Sinkstoffe immer mehr und wird wohl mit der Zeit ganz ausgefüllt werden; von der See wird sie durch eine 1—3 km breite Nehrung von Dünensand getrennt. Etwa 40 km südlich von Laguna mündet der ziemlich unbedeutende Urussanga in die See; im Oberlauf durchfliesst er die italienische Kolonie gleichen Namens, der untere Lauf fliesst durch Wald oder Sumpf. 65 km südlich von Laguna mündet der Ararangua. Die anprallende Brandung hat vom Morro Conventos, einem Granithügel, wo der Fluss früher einmündete, an eine 7 km lange, 100—300 m breite, sandige Nehrung geschaffen, hinter der der Fluss jetzt dahinfliesst; nur mit Mühe hält er seine Mündung von den durch die anprallenden Wogen angetriebenen Sandmassen offen, doch können nur Fahrzeuge von $^3/_4$—1 m Tiefgang einlaufen, um aber hinauskommen zu können, müssen selbst solche flachen Segelfahrzeuge oft monatelang warten. Der Fluss selbst hat bis zur Mündung des Mailuzia, in einer Ausdehnung von etwa 25 km, eine Breite von 120—240 m, dabei zehn und mehr Meter Tiefe. Der Boden ist auf dieser unteren Strecke ein von Humusbestandteilen schwarz gefärbter Sand, im Hintergrunde Sumpf oder Dünensand, weiter nach oben wird der Boden mehr thonig.

Der Mailuzia ist noch auf 10 km tief und schiffbar, ebenso sein Nebenfluss Manoel Alves, weiterhin ist er noch eine Strecke für flachgehende Kanoes fahrbar. Der eigentliche Ararangua ist auch noch etwa 10 km oberhalb der Mündung des nördlichen Armes, des Mailuzia, schiffbar. Diese schiffbaren Strecken sind schon seit vierzig und mehr Jahren von Brasilianern occupiert, allerdings nicht so dicht besiedelt wie am Tubarão, auch ist lange nicht so viel Land in Kultur, da des schwierigen Exportes wegen die Preise aller Produkte ziemlich niedrig sind. Die besiedelten Ländereien sind hier noch ziemlich billig; 1890 verlangte man durchschnittlich 3—5 Milreis (6—10 Mark) für die Brasse (= 2,2 m) Flussfront mit 500—1000 Brassen Tiefe, für eine mittlere Kolonie von 100 Brassen Front also 600—1000 M., während am unteren Tubarão für kultivierte Ländereien der 10- bis 20fache Preis verlangt wurde; die Güte der Ländereien ist so ziemlich die gleiche, hier wie dort sind manche Grundstücke seit 40—50 Jahren unausgesetzt bebaut worden, ohne an Ertragsfähigkeit merklich eingebüsst zu haben, während in den doch auch recht fruchtbaren Flussauen des Itajahy, in der Kolonie Blumenau, der Boden ungedüngt höchstens 20—30 Jahre gute Erträge gibt. Oberhalb der Grenze der Schiffbarkeit treten die Sümpfe im Hintergrunde mehr zurück, und das fruchtbare Alluvialland wird breiter, etwa 30 km oberhalb der Mündung des Mailuzia treten auch schon einzelne Berge an den Araranguá heran, dieselben sind jedoch ungleich wie am Tubarão, mehr sanft und abgerundet und von einer braunroten, sehr fruchtbaren Erdschicht überlagert, ihr Kern ist wahrscheinlich von krystallinischer Struktur. Am Mailuzia scheint das fruchtbare Alluvialland weniger ausgedehnt zu sein als am Araranguá; das Gebiet der am oberen Mailuzia 1891 angelegten italienischen Privat-Kolonie Nova Venezia, die Januar 1892 bereits 3500 Bewohner gehabt haben soll, ist im ganzen nur von mittelmässiger Beschaffenheit, was auch für das Gebiet der östlich vom Mailuzia 1890 mit etwa 1000 Kolonisten angelegten polnisch-deutschen Kolonie Cressiuma gilt, überall lagert ein hellgelber Lehm auf Sandstein, zum Teil auch Schiefergrundlage, die Terrainbeschaffenheit ist günstig, flachwellig. Gegenwärtig (1892) werden am mittleren Mailuzia und dessen Nebenflüssen, Rio Sangão, Manoel Alves, Cedro, 30000 ha Regierungsland zu Kolonisationszwecken vermessen; das Land hat eine ähnliche Beschaffenheit, wie in den vorher erwähnten Kolonien, $1/10 - 1/5$ mögen jedoch fruchtbares Alluvialland sein. Die fruchtbarsten alluvialen Striche am mittleren Araranguá und seinen links mündenden Nebenflüssen Jundia, Turvo, sowie auch am Manoel Alves und Cedro, nebst dem dazwischen liegenden Lande, im ganzen etwa 50000 ha noch unbesiedelter Ländereien (davon jedoch vielleicht höchstens die Hälfte alluvial), sind in den letzten zwei Jahrzehnten in den Besitz örtlicher einflussreicher Persönlichkeiten übergegangen, zum Teile freilich mit zweifelhaften Besitztiteln. 1890 wurden für diese Ländereien durchschnittlich 8—10 Milreis (16—20 Mark) pro ha verlangt. Der Araranguá entspringt in einer 800 m hohen, 20—30 km breiten

Kampzone, oberhalb der Serra, die aus von »Trapp« gehobenen Sandsteinen besteht. Nach der See zu breiten sich südlich vom Araranguá sandige oder sumpfige Kampflächen aus, dazwischen sind vielfach Strandseen eingelagert, darunter die 20 km lange und 4—5 m breite Lagoa Sombrio, an deren Ostrand der ziemlich ausgedehnte, abgerundete Morro (Berg) Sombrio aufragt; derselbe ist von einem dunkelroten, fruchtbaren Lehm bedeckt und stark bebaut und besiedelt. Dieser Strandsee (der Sombrio) sendet einen für Kanoes fahrbaren Ausfluss zum Mampituba, dem auf 10 km schiffbaren Grenzfluss gegen Rio Grande do Sul. Seine Mündung ist fast verstopft, in der Nähe, bei Torres, befinden sich jedoch ein paar in die See vorspringende Basalthügel von etwa 70 m Höhe, zwischen denen sich durch Anlage eines Wellenbrechers ein Kunsthafen herstellen liesse. 1891 im Mai war für einen Hafenbau und eine sich daran anschliessende, 160 km lange Eisenbahn nach Porto-Alegre, Hauptstadt von Rio Grande, staatliche Zinsengarantie bewilligt. Die Arbeiten sind angeblich auch aufgenommen worden, jedoch schwerlich weit vorgeschritten; ob sie fortschreiten und zu Ende geführt werden, ist jetzt nach den seit dem Sturze Fonsecas (November 1891) eingerissenen Wirren mehr als fraglich, da die Konzessionäre Günstlinge Fonsecas waren und die zur Herrschaft gelangte Gegenpartei ihnen Schwierigkeiten in den Weg stellen könnte. Der Araranguá steht durch einen natürlichen, für Kanoes fahrbaren Kanal mit der Lagoa Sombrio und damit mit der Mampitubamündung im Zusammenhang. Die Küste ist von Laguna an südwärts überall flachsandig, die Dünen stellenweise ziemlich ausgedehnt, doch ragen zwischen ihnen hier und da vereinzelte Granithügel auf.

Das Klima.

Das Klima ist sicher für die Gesundheit, auch des Nordländers, im allgemeinen zuträglich, indessen sind die Reize desselben von vielen Reisenden, namentlich von Tschudi, doch in viel zu rosigen Farben geschildert worden; es soll namentlich für Brustkranke zu empfehlen sein, besonders auf der Insel Santa Catharina, der »Insel des ewigen Frühlings«. In Wirklichkeit fehlt es daselbst, besonders in der Hauptstadt Desterro, durchaus nicht an Tuberkulösen; da die Hitze, infolge der zwischen Bergen eingeschlossenen Lage der Stadt, im Sommer kaum weniger hoch steigt als in Rio de Janeiro, auch keine übergrosse Reinlichkeit herrscht, vielmehr die Aasgeier, die Urubus, die Rolle der Abdecker spielen müssen, so gehört ein Sommeraufenthalt daselbst durchaus nicht zu den Annehmlichkeiten; auch der Winter mit seinen häufigen Nebeln und anhaltenden Landregen dürfte Lungenleidenden nicht sehr zusagen. Das in einem tiefen Thal gelegene Blumenau zeigt genau dieselbe Sommertemperatur wie Rio de Janeiro, nur die Nächte sind kühler. Am gesündesten sind die den Seewinden ausgesetzten Teile und die höher gelegenen Landstriche, namentlich das Hochland; für Brustkranke indessen wird das Klima überall zu feucht sein. Ueber den Grad der Luftfeuchtigkeit, sowie die Häufigkeit von Nebeln liegen für Santa Catharina leider keine ziffermässigen Berichte vor; auf dem entschieden trockeneren Hochlande von São Paulo kamen nach H. Lange[1]) 1887: 173, 1888: 116 Nebel vor, fast ausnahmslos morgens. In Santa Catharina ist die Häufigkeit der Nebel am geringsten an der Küste, nimmt landeinwärts bis zum Serraabsturz zu, wo die Nebel zugleich intensiver sind und oft erst gegen Mittag verschwinden. Besonders feucht und nebelreich ist die in den östlich abgedachten Serraterrassen gelegene Kolonie São Bento (800 m). Das nach Westen sich abdachende Hochland ist wieder trockener. H. Lange (Südbrasilien S. 13) rechnet das brasilianische Küstengebiet von 24—28° südl. Br. zur Provinz der Winter- und Sommerregen, allein nach den bei ihm selbst angegebenen Tabellen lässt sich eine solche Einteilung kaum streng begründen, der Regenfall ist vielmehr ziemlich gleichmässig auf alle Jahreszeiten verteilt, im Sommer ist er sogar etwas geringer als sonst, für Blumenau beträgt der Gesammtregenfall 1391 mm, für Joinville 2245 mm (allerdings nach nur zweijährigen Beobachtungen). Wichtiger ist der Umstand, dass im Sommer der Regen

---

[1]) Petermanns Mitteil. 1891, S. 15.

gewöhnlich in einzelnen starken Güssen und Gewittern, die schnell vorüberziehen, niederfällt, so dass heitere Tage vorwalten; die Sonne trocknet den Erdboden und auch die Wege schnell auf, so dass sie fast immer passierbar sind. Im Winter dagegen regnet es oft tage-, ja wochenlang, wobei gewöhnlich ein feiner Landregen niederrieselt, der den Erdboden und die Wege furchtbar aufweicht und die Geduld des Reisenden auf eine harte Probe stellt. Aus diesem Grunde ist es auch nicht üblich, im Winter die halsbrecherischen Pfade zum Küstenlande herabzusteigen, es sei denn in den dringendsten Fällen (eine chausseeartige Strasse nach dem Hochland gibt es nur in der Kolonie Donna Francisca).

Landeinwärts, besonders an der Serra, ist der Regenfall entschieden beträchtlicher als an der Küste, da die von der See aufsteigenden Wolken von den vielen Bergen und Bergzügen, insbesondere von der Serra, aufgehalten und zur Abgabe ihrer überschüssigen Feuchtigkeit gezwungen werden. Die Luftfeuchtigkeit ist ziemlich hoch; alles schimmelt leichter als in Europa, sehr schnell rostet Eisen.

Die Mittelwärme beträgt in Donna Francisca 20,5° Cels. (Januar, 24,5; Juli 16,5); in Blumenau 21,5° Cels. (Januar 26,5; Juli 16,2); an anderen Orten sind keine längeren Beobachtungen angestellt. An der Küste und auf den Inseln Santa Catharina und São Francisco ist das Klima bedeutend gleichmässiger als im Inneren, namentlich ist es frostfrei, wogegen schon einige Meilen landeinwärts fast allwinterlich Reif vorkommt. Dabei ist die bekannte Eigentümlichkeit zu beachten, dass die Berghänge des Nachts und im Winter wärmer sind als die Thalsohlen, so dass es in den Thälern öfters reift, während die Hänge und Bergkuppen frostfrei bleiben. Von Bedeutung ist dies für die Kultur von frostempfindlichen Pflanzen, wie Kaffee und Zuckerrohr — allerdings darf eine gewisse absolute Höhe, etwa 500 m im Maximum, im Süden von Santa Catharina wohl noch weniger, nicht überschritten werden, auch sind nur die nördlichen Hänge (die Sonnenseite) frostsicher, nicht aber die nach Süden oder dem Lande zu (nach Westen) geneigten Berghänge.

Was das Hochland anlangt, so ist daselbst die Temperatur der Lage entsprechend, um einige Grad niedriger, namentlich friert es fast jeden Winter bis zu — 6° C., ja bis zu — 8° C.; zuweilen fällt selbst Schnee, der aber selten längere Zeit liegen bleibt. Die Differenz zwischen Sommer- und Wintertemperatur ist dabei geringer wie im Küstenlande, höchstens 5—6° C., während sie im Küstenlande 9—10° C. beträgt. Diese geringen Schwankungen haben die Unannehmlichkeit, dass 6—7 Monate im Jahre nicht frostsicher sind; es ist also ein solches Klima bedeutend ungünstiger für Kulturpflanzen als ein gleich warmes mit stärkeren Temperaturdifferenzen, z. B. das von Montevideo oder Buenos-Aires. Die Insolationswärme freilich dürfte im Sommer auf dem Hochlande nicht geringer sein als im Küstenlande, wohl aber die Schattentemperatur.

Was die sanitären Verhältnisse anlangt, so soll nach brasilianischen Berichten im ganzen Staate sich die Sterblichkeit zur Geburtenziffer verhalten wie 1 : 3, also ein sehr günstiges Verhältnis. In Blumenau soll das Verhältnis gegenwärtig sein wie 1 : 5 und 1 : 4, in den sechziger Jahren, aus denen genauere Berichte vorliegen, wie 1 : 3 und 1 : 2½. In Donna Francisca überwog in den ersten Jahren nach der Begründung die Sterblichkeit bedeutend: die 1717 Einwanderer, die bis 1856 eingeführt waren, waren durch Dysenterie, Typhus, Malaria im genannten Jahre bis auf 901 zusammengeschmolzen [1]). Ueberhaupt waltet bei der Anlage von neuen Kolonien die Sterblichkeit vor, namentlich wenn wie gewöhnlich die Einwanderer durch eine strapaziöse Seereise geschwächt ankommen und die Fürsorge seitens der brasilianischen Behörden unzureichend und nachlässig ist, Medizin und ärztliche Hilfe nicht zu haben sind. Namentlich 1890 konnte man überall in Santa Catharina und Rio Grande bei Kolonistenansiedelungen beobachten, dass besonders die Kinder der Einwanderer massenhaft dahinstarben. Die Akklimatisationsbeschwerden, die darin bestehen, dass sich bei Neuankömmlingen Ausschläge und selbst Geschwüre an

---

[1]) Woldemar Schultz, Agrar. und physikal. Studien über Südbrasilien, S. 148.

Händen und Füssen bilden, die zuweilen monatelang andauern und den Einwanderer arbeitsunfähig machen, sind um so schlimmer, je schlechtere Kost man geniessen muss, namentlich wenn man von Maisbrot und Farinha da Mandioca vorzugsweise leben muss; bei guter Kost, namentlich häufigem Reisgenuss und Weizenbrot, anstatt Mandiocamehl und Maisbrot, kommen Akklimatisationsbeschwerden äusserst selten vor oder sind doch gänzlich ohne Belang.

Was die Malaria anlangt, so kommt sie endemisch vor in einigen sumpfigen Strecken der Kolonien Donna Francisca und Brusque; in Blumenau, wo es keine Sümpfe gibt, hat man kaum von ihr etwas gehört, höchstens zuweilen bei Urbarmachung von feuchten Urwaldstrecken. In den sumpfigen Umgebungen des unteren Tubarão und Ararangua kommt Malaria äusserst selten vor; sie beschränkt sich meist wiederum auf die Fälle, wo sumpfige Urwaldstrecken urbar gemacht werden, so z. B. im Sommer 1890/91 in Cressiuma. Für die Besiedelung bildet sie erfahrungsmässig kein Hindernis, da sie entschieden in milderer Form auftritt als z. B. in Italien; perniciöse Fälle kommen kaum vor. Leichte Fälle eines biliösen Fiebers scheinen im Küstenlande zuweilen vorzukommen. Das gelbe Fieber ist zuweilen durch die Unachtsamkeit der brasilianischen Behörden in die Hafenstädte Desterro und São Francisco eingeschleppt worden, hat sich jedoch weniger bösartig gezeigt als in Rio de Janeiro und Santos; bis in die Kolonien ist es nie gelangt. Dass der Rheumatismus besonders auf dem Hochlande häufig vorkommt, hat seinen Grund in den mangelhaften Wohnungs- und Kleidungsverhältnissen, namentlich der brasilianischen Bevölkerung. Lähmungen und Schlagflüsse sollen bedeutend ungefährlicher sein, als in Mitteleuropa.

Die wilde Vegetation.

Hinsichtlich der Vegetation muss wiederum der Unterschied zwischen dem Küstenlande und dem Hochlande berücksichtigt werden. Das Hochland enthält weite Grasflächen, die sog. Campos, die jedoch durchaus nicht die ganze Fläche desselben, nicht einmal den grösseren Teil einnehmen. Hauptsächlich kommen sie auf dem schwarzen, moorigen Boden vor, doch finden sie sich auch auf Lehmboden, wo sie durch Niederbrennen des Waldes angelegt sind und dann infolge der allwinterlichen Grasbrände, die angelegt werden, um schneller frisches Gras zu erhalten, an der Oberfläche von den Kohlenteilchen geschwärzt erscheinen. Auf den Alluvionen der Flüsse findet sich überall ein dicht verwachsener Laubwald, auf den Bergen und Hügeln dagegen vorwiegend Nadelholz, die Araukarien in Verbindung mit dem Matebaum (Ilex paraguayensis), die ja mit dem schlechtesten Boden fürlieb nehmen. Doch gilt auch ein Boden, wo Araukarien stehen, gewöhnlich immer noch für besser als reiner Kamp.

Das Küstengebiet ist, von den gerodeten Stellen, sowie einigen sandigen oder sumpfigen Campos an der Küste abgesehen, durchweg Waldgebiet; je nach den geologischen Verhältnissen ist die Mächtigkeit und Zusammensetzung des Waldes eine verschiedene. Der Wald ist durchaus nicht so klar und leicht zugänglich wie der mitteleuropäische, sondern mit Schmarotzer- und Schlinggewächsen, Philodendren mit Luftwurzeln, Bromeliaceen, Cipos, Farnen, verschiedenen Rohrarten, Kakteen, Palmiten so dicht verwachsen, dass man gewöhnlich nur mit dem Waldmesser (facão) sich Bahn brechen kann. Am dichtesten verwachsen ist der Wald in den fetten Flussauen, in der Höhe von dreihundert und mehr Metern lichtet sich das Unterholz bereits stark, so dass man sich leichter bewegen kann, was übrigens zuweilen auch in einem Walde, der auf einem tiefer gelegenen, mittelmässigen Boden steht, der Fall ist. Frei von Unterholz sind freilich nicht einmal die Araukarien- und Matewaldungen des Hochlandes; es finden sich daselbst hauptsächlich Rohrarten, Taquararohr, die im Winter für das Kampvieh Futter darbieten, wenn das Kampgras, das überhaupt sehr leicht verfriert, nicht zu haben ist. Wenn behauptet ist, der nordische Wald, namentlich ein Eichen- und Buchenwald sei schöner als der tropische oder subtropische, so ist das Geschmackssache. Gewiss findet man Waldstrecken, die unschön sind, verkrüppeltes graues Holz enthalten, in den Flussauen dagegen findet man ein ungemein saftiges, üppiges Grün, das im Verein mit den Schlinggewächsen und Palmen dem Wald eigentümliche Reize verleiht, die der nordische Wald entbehrt. Ein saftiges dunkles Grün der Waldvegetation, mächtige Schlinggewächse, viele mächtige weiche Holzarten wie die Figueiras (Bombax pentandrum, Ceiba) sind Anzeichen eines guten Bodens; viele graue Aeste, abgestorbenes oder verkrüppeltes Holz weisen auf schlechten Boden. Mächtige harte Holzarten dagegen gedeihen auch auf einem mittelmässigen oder trockenen Boden, der Kulturgewächsen nicht sehr zusagt. Wenn Kärger von São Paulo berichtet, dass daselbst die Standorte von harten Holzarten als mittelmässiger oder schlechter Boden gelten, in Donna Francisca jedoch umgekehrt harte Holzarten guten Boden anzeigen[1]), so ist das wohl so zu erklären, dass der Boden in Donna Francisca überhaupt von einer so mittelmässigen Qualität ist, dass darauf nur die mit dem schlechtesten Boden fürlieb nehmenden untauglichen Baumarten vorkommen, so dass schon die Standorte von harten Hölzern einen relativ guten Boden anzeigen. Im Süden von Santa Catharina habe ich häufig beobachtet, dass mächtige harte Holzarten, z. B. die Perobas, auf einem mittelmässigen Boden vorkamen, der urbar gemacht, sich durchaus nicht als sehr fruchtbar erwies, also dieselbe Beobachtung wie in São Paulo. Die gewöhnliche Regel »je höher der Wald, je mächtiger die Stämme, desto besser der Boden«, trifft also für Südbrasilien bloss insoweit zu, als von weichen Holzarten, Figueiras, Pao d'alho (Crataeva tapia L.) (der gefällt einen unausstehlichen Zwiebelgeruch verbreitet), Sapucassú und mächtigen Schlinggewächsen die Rede ist, nicht aber in Bezug auf harte Holzarten, was wohl daraus erklärlich sein dürfte, dass in einem sehr guten Boden die Schling- und Schmarotzergewächse ihr Optimum finden und langsam wachsende, edle und harte Holzarten erdrücken oder aussaugen. Doch ist zu beachten, dass sehr fruchtbarer Schwemmboden, wenn er häufigen Ueberschwemmungen ausgesetzt ist, öfters auch nur dünne, schmächtige Baumstämme

---

[1]) Kärger, Brasil. Wirtschaftsbilder, S. 287.

aufweist. Zu beachten ist, dass nicht jedes harte Holz ein Nutzholz ist, das in dem feuchten Klima von Südbrasilien Haltbarkeit besitzt, manche Arten, z. B. die auf schlechtem, sandigen Lehmboden häufig vorkommende, fast eisenharte Pintabuna (bot. Name?), verfaulen der Witterung ausgesetzt in wenigen Jahren. Von harten Nutzhölzern (dem madeira de lei = den gesetzlichen Anforderungen entsprechend), die in dem Wechsel der Witterung eine Reihe von Jahren vorhalten, werden von manchen Autoren bis 150 Arten angeführt, so dass man leicht geneigt ist, zu denken, der Wald bestehe ganz oder doch zum grössten Teil aus Nutzholz. Das ist nun nicht der Fall; ein Waldstück, wo man pro ha 15—20 cbm vierkantig behauene Holzblöcke herausholen kann, gilt schon als sehr reich an Nutzholz; auf ganz schlechtem, trockenem Boden und wiederum auf sehr gutem Alluvialboden findet man auf weite Strecken kaum einen brauchbaren Stamm. So viel brauchbares Holz, wie in unseren nordischen, nord- und mitteleuropäischen Laubwäldern, findet man in Südbrasilien, im Küstenlande, fast nirgends; die Stämme haben dabei durchschnittlich kaum über $1/2$ m Durchmesser, solche von $1-1 1/2$ m Durchmesser sind schon selten. Die Araukarienwaldungen des Hochlandes mögen es allerdings mit den nordischen Nadelholzwäldern aufnehmen.

Von den harten Nutzhölzern kommen am häufigsten vor die verschiedenen (circa 12) Arten von Canellas, die zur Familie der Laurineen gehören, die wichtigsten sind darunter die Canella preta (Nectandra mollis Nees); C. parda (Nectandra spec.); C. sassafras (Mespilodaphne sassafras). Dann kommen sehr häufig vor, namentlich im Süden von Santa Catharina die Perobas (Aspidosperma peroba), die zur Familie der Apocyneen gehören, ein rötliches oder gelbliches Holz enthalten, das zum Schiffbau das Eichenholz übertreffen soll, namentlich dadurch ausgezeichnet, dass Eisenbolzen und -Nägel in ihm, ähnlich wie im indischen Teakholz, nicht rosten.

Bei dem Baume, welcher das kostbare Jakaranda- oder Palisanderholz liefert, scheint der botanische Name zu schwanken oder aber das Holz mehrerer Arten wird mit diesem

Namen bezeichnet; in Santa Catharina, wo der Baum übrigens selten ist, wird wohl eine Bignonia als Jacaranda mimosifolia oder brasiliensis, auch Nissolia Cabiuna bezeichnet (cfr. Wappäus, Brasilien, S. 1807); Kärger (S. 131) nennt den Baum nach der »Provincia de São Paulo« Machaerium alemeni. Ziemlich häufig kommt in sumpfigem Boden namentlich im Hintergrunde der fetten Uferleisten der Flüsse eine andere Bignonia vor, der Ipé (Tecoma chrysantha Ipé), dessen schönes gelbliches Holz wegen seiner ausserordentlichen Härte gern zu den Walzen der Zuckerrohrpressen benutzt wird. Zu nennen sind noch von der Familie der Papilionaceen die Arariba (Centrolobium robustum Benth), deren Holz wegen seiner Schönheit besonders gern zu Möbeln benutzt wird, ebenso wie das des Oleo (Oleo myrocarpus); das Holz der Cabriuva (Myrocarpus fastigatus) ist besonders zu Wasserbauten geschätzt. Das Holz der Araça [Psidium araça] dient wegen seiner Elasticität besonders zu Axtstielen, die Rinde liefert Lohe, auch die Früchte sind essbar. Zu Eckpfosten beim Hausbau ist besonders geschätzt Louro (Cordia frondosa). Von den weichen Holzarten ist die wichtigste die Ceder (Cedrela brasiliensis), welche mit dem Mahagonibaum verwandt sein soll; sie verliert im Winter das Laub; das rötliche weiche Holz, das eine schöne Politur annimmt, wird gern zu Möbeln und zur inneren Auskleidung der Häuser benutzt, nur darf es nicht der Witterung ausgesetzt werden, da es sonst in 10—12 Jahren verfault, dagegen ist es zur Ausfuhr sehr geschätzt und immer höher bezahlt als die harten Holzarten, es wird zu Cigarrenkisten und zur Umkleidung der Bleistifte benutzt.

Eine Quassiaart, die ein sehr bitteres Holz hat und zuweilen gefunden wird, bezeichnen die Brasilianer als Chinabaum. Der echte Chinabaum kommt dagegen in Brasilien gar nicht vor, und angepflanzt degeneriert er, seine Rinde enthält fast kein Chinin, wie es die im grossen ausgeführten Versuche in der Provinz Rio de Janeiro ergeben haben. Ein Fazendeiro hatte daselbst in den achtziger Jahren mit Regierungsunterstützung über 100000 Bäume in verschiedenen Höhenlagen angepflanzt, die Rinde hatte kaum Spuren von

Chinin. (Einige ausführliche Berichte darüber in der Revista da Agricultura Rio de Janeiro 1887 und 1888).

Von Palmen kommt am häufigsten vor die Kohlpalme, Gessara (Euterpe edulis), in zierlichen, schlanken Stämmen, die zu beträchtlicher Höhe heranwachsen, und die Assaipalme, Palmito molle (Euterpe oleracea) von ähnlicher Beschaffenheit, aber bedeutend kleineren Dimensionen. Beide Arten liefern in ihren jungen Blättern Palmkohl, und da sie sich leicht der Länge nach spalten lassen, so werden sie gerne zu Dachlatten, Zäunen und den primitiven Hütten der Ansiedler benutzt. Auch eine Fächerpalme, die Buriti (Mauritia vinifera Mart), erscheint häufig verbreitet. Eine der schönsten Arten ist die Indaja (Attalea compta), die bis zu 7—8 m lange Blätter hat, auch die westindische Königspalme (Oreodoxa regia) gedeiht angepflanzt, scheint aber nicht so grosse Dimensionen erreichen zu können, wie weiter im Norden. Mehrere niedrige, unschöne Palmenarten kommen in der Nähe der See auf sandigem Boden vor (Diplothemium maritimum? Wappäus S. 1314), ebenso sieht man auf saurem sterilem Sumpfboden am unteren Ararangua und Tubarão häufig Palmen. Für die Cocospalme ist es wohl in Santa Catharina bereits zu kühl. Im Norden, an der Bai von São Francisco finden sich noch ausgedehnte Rhizophorenbestände, deren Holz jetzt in der Gerberei benutzt wird.

Die Tierwelt.

Die Tierwelt ist sehr reich und mannigfaltig; jagdbares Wild ist jedoch viel weniger zu finden als in den mitteleuropäischen Wäldern, was wohl davon herrührt, dass ja im brasilianischen Wald kein Gras vorhanden ist, das eine grössere Anzahl von Pflanzenfressern ernähren könnte, welche dann ihrerseits Raubtieren als Beute dienen könnten. Von grösseren Tieren findet man noch am häufigsten die Anten (Tapire); zahlreich sind Gürteltiere (Tatús), die von Insekten und Würmern leben und daher sehr nützlich sind. Auch einige Arten Wildschweine, sowie die Capybara (Wasserschweine), eine Art Nagetiere, kommen vor. Von Raubtieren sind die Iaguare, von den Brasilianern Tiger genannt, vertreten; sie finden sich jedoch häufiger auf dem Hochlande, wo sie an den Viehherden leichter Beute erlangen können; dasselbe gilt von den Pumás, den amerikanischen Löwen, die ziemlich feig und scheu sind. Von Affen sind namentlich die Brüllaffen vertreten. Eine hässliche, sehr häufig verbreitete Beutelratte Gamba, stellt dem Federvieh und dessen Eiern nach. Von Vögeln kommen eine Menge von Arten vor, vom kleinsten Kolibri bis zu den Geiern; am zahlreichsten sind die Papageien und Tukane, Singvögel gibt es nach europäischen Begriffen wenige. Waldhühner, Jacús, Fasane, Schnepfen kommen ebenfalls vor, in der Nähe von alten Kolonien sind sie jedoch nicht sehr zahlreich. Von Reptilien sind die Jacarés, Alligatore jetzt sehr selten und scheu; Eidechsen, Lagarten, sehr scheue Tiere, die bis 1 m Länge erreichen, dagegen sehr häufig. Schlangen sieht man in der heissen Jahreszeit ziemlich häufig, namentlich die trägen, giftigen, bis 2 m langen Jararacás, in der kühlen Jahreszeit sind sie kaum zu finden. Frösche und Kröten kommen sehr zahlreich und in ansehnlicher Grösse vor, an warmen Abenden wird man an sumpfigen Stellen durch das Konzert der Knackfrösche und der dem Weinen eines Kindes ähnlich klingenden Stimme der Hylä nicht gerade angenehm berührt. Von lästigen Insekten sind zunächst die widerlichen Baratten (Blatta), die überall in hohlen Baumstämmen und Häusern sich einnisten, zu erwähnen, dann der Sandfloh (Pulex penetrans), der sich an den Zehen und Füssen von Menschen und Tieren einbohrt und dort seine Eier legt, bei unreinlichen Menschen, namentlich aber unerfahrenen Einwanderern, die sie nicht bald genug entfernen, selbst Geschwüre veranlassen können; in den höher gelegenen Landesteilen scheinen sie nicht vorzukommen. Die Zecken, Garrapaten, werden im Walde von den Blättern, auf denen sie sitzen, leicht abgestreift, namentlich wenn es längere Zeit trockene Witterung gegeben hat. Auch Moskitos kommen im Sommer in der Nähe von Sümpfen vor; eine Art von Stechfliegen legt ihre Eier in die Haut der Tiere, aus denen sich dann Maden, die Bicho-pernas, bis zur Fingergrösse entwickeln können. Derartige Wundstellen müssen sorgfältig mit Quecksilberpräparaten behandelt werden. Ein kleiner Rüsselkäfer geht leicht an Mais und Bohnen; Mais kann öfters nur dadurch längere Zeit aufbewahrt werden, dass man die Maiskolben in ihren Blättern belässt und sie zu Bündeln vereinigt (an der Decke von Gebäuden) aufhängt. Die Bohnen werden, um sie haltbar zu machen, gedörrt, verlieren aber dann ihren Wohlgeschmack. Diese geringe Haltbarkeit der Cerealien erklärt die grossen Preisschwankungen, die oft in einem einzigen Jahre vorkommen. Eine andere Art dieser Rüsselkäfer bohrt gerne Holz an, was bei Fässern, die mit Flüssigkeiten gefüllt sind, sehr unangenehm sein kann.

Von den Ameisen sind die Schlepperameisen, die Saúbas, die gerne die Blätter von Orangen und Kaffeebäumen wegtragen, am schädlichsten; sie kommen jedoch auf den Campos des Hochlandes und überhaupt auf entwaldetem Terrain, sowie in Buschwald (Capoeira) häufiger vor als im Urwalde. In São Paulo werden sie in ihren Löchern durch Einblasen von Schwefelkohlenstoff getötet. Vogelspinnen von ziemlicher Grösse sind oft zu finden, Skorpione und Skolopender scheinen dagegen sehr selten vorzukommen.

Die Urbarmachung des Bodens.

Ueber die Urbarmachung von Waldland wäre folgendes zu bemerken: Der Wald wird gewöhnlich im Winter oder im Frühjahr (September bis Oktober) gehauen. Zuerst wird mit der Foiça, einem sichelförmigen Instrument mit einem langen Stiel, das Unterholz und die Schlinggewächse weggeschlagen, damit sie Zeit gewinnen um völlig auszutrocknen, bevor die grösseren Bäume sie bedecken und am Trocknen hindern. Nachdem ein gewisses Stück Wald von dem Unterholz gesäubert ist, werden mit einer Axt mit schmaler Klinge von bestem Stahl die grösseren Stämme gefällt; darauf muss man abwarten, bis das Holz einigermaassen austrocknet, und es dann anzünden und niederbrennen. Das Austrocknen dauert im günstigsten Falle einige Wochen, zuweilen aber selbst einige Monate, wenn es nämlich gerade viel regnet; dann kann auch unterdessen zwischen den am Boden liegenden Bäumen schon frisches Gras und Strauchwerk hindurchgewachsen sein, wodurch dann solch eine »Rossa« oft gar nicht brennen will und mühsam geräumt werden muss, um zwischen den am Boden liegenden dickeren Stämmen und Stümpfen Pflanzenland zu gewinnen. Selbst wenn die Rossa gut brennt, so verbrennen doch nur die trockenen Blätter, die dünneren Zweige und das Gestrüpp des Unterholzes, nicht aber die Stubben und dickeren Stämme, so dass es ganz überflüssig ist, wenn in manchen Büchern der Rat erteilt wird, die Nutzholzstämme mit Erde zu bewerfen, um sie vor dem Verbrennen zu schützen, dazu sind sie in der Regel selbst nach einigen Monaten Trockenzeit viel zu saftig und grün. Die Bäume pflegt man nicht dicht am Boden abzuhauen, sondern der leichteren Arbeit wegen in 3—4 Fuss Höhe, wo die Stämme oft nur den halben Umfang haben, wie dicht am Boden. So kommt es denn, dass ein Brasilianer oder ein im Waldschlagen geübter Kolonist oft in acht Wochen ununterbrochener Arbeit bis zu 10000 Quadrat-Brassen (4,8 ha) Wald niederschlägt, während ein neu Eingewanderter, auch wenn er das Bäumefällen gewohnt ist, kaum die halbe Fläche bewältigen kann, wenn er in seiner in Europa gewohnten Weise die Bäume niedrig abhauen und überhaupt die Arbeit ordentlich und sauber machen will. Das Waldschlagen wird namentlich von Brasilianern vielfach im Akkord verrichtet, in den letzten Jahren zahlte man gewöhnlich für 4,8 ha Waldschlagen (10000 Quadrat-Brassen) 100—150 Milreis (200 bis 300 M.); ist die Rossa gut gebrannt, so gibt es kaum etwas zu räumen an unverbranntem Gestrüpp, die dicken Stämme lässt man gewöhnlich liegen, wo sie hingefallen sind, und man kann sogleich pflanzen; ist aber die Rossa schlecht gebrannt, so dass viele unverbrannte Zweige und Gestrüpp übrig geblieben sind, die geräumt, auf Haufen geworfen und verbrannt werden müssen, so können sich die Ausgaben für das Räumen eben so hoch, ja noch höher belaufen als für Waldschlagen und Brennen, weshalb man oft gleich das Räumen mit verakkordiert. Heinrich Semler (Tropische Agrikultur I, Kap. 1) verlangt, man müsse die Stümpfe auf jeden Fall ausroden, um möglichst bald pflugbares Land zu bekommen; er empfiehlt die Sprengung mit Dynamit, allein das ist denn doch eine Arbeit, die nur durch geschickte und geübte Leute verrichtet werden kann, da andernfalls leicht Unglücksfälle entstehen können.

Ausserdem ist Dynamit in Brasilien sehr teuer und schwer erhältlich, wie auch Kärger ausführt, der jedoch in der Billigung der altgewohnten Arbeitsmethode der Kolonisten zu weit geht und meint, man könne getrost alles beim alten lassen, es gebe nichts zu reformieren [1]. Wenn Wohltmann sogar die Handlungsweise der Kolonisten, die die Stämme auf dem Standorte wo sie gefallen, verfaulen lassen, indem sie dadurch eine Humusanreicherung des Bodens zu erzielen hoffen, empfiehlt [2], so hat schon H. Semler darauf hingewiesen, dass ja dadurch die Schädlinge und das Unkraut ungemein begünstigt werden und den Kulturpflanzen zu viel Raum entzogen, auch das Einsetzen des Pfluges zu lange verzögert werde. Was aber die Anreicherung an Humus anlangt, so betont ja Wohltmann selbst wiederholt, dass in tropischen und subtropischen Gegenden mit reichlichem Regenfall der nötige Stickstoff den Pflanzen aus der Atmosphäre geliefert werde und eine Düngung mit diesem Stoffe daher kaum nötig sei, ja, dass die Liebigsche Mineraldüngungstheorie für die Tropen volle Geltung habe [3]. Jedenfalls ist es auf ebenem oder sanft geneigtem Terrain, wo also Pflugarbeit überhaupt möglich ist, irrationell, so lange zu warten, bis alle Stümpfe und Stämme verfault sind und in der Zwischenzeit mit der Hacke zu arbeiten. Dadurch wird nicht allein viel Arbeit verursacht, namentlich beim Behacken des Unkrautes, sondern ein solcher Boden gibt (abgesehen von der ersten Ernte) bedeutend geringere Erträge als ein gepflügtes Stück Land, weil der Boden eben nicht genügend gelockert ist, die Luft in ihn nicht eindringen und zur Zersetzung der mineralischen und Humusbestandteile beitragen kann. Eine Entfernung der Stubben und Stämme ist übrigens durchaus nicht so unausführbar wie oft angenommen wird, allerdings kann und

---

[1] Kärger, Brasil. Wirtschaftsbilder, S. 40—44.
[2] Wohltmann, Tropische Agrikultur, I, S. 172.
[3] Ebenda, S. 232.

braucht sie auch nicht gleich nach dem Waldschlagen zu geschehen, wie Semler es fordert, denn im ersten Jahre liefert die Rossa auch so eine gute Ernte, im folgenden Jahre kann dagegen schon ein guter Teil der Stubben und Stämme, die nun bereits ziemlich ausgetrocknet sind, verbrannt werden. Allerdings wird man die Stubben nicht verbrennen können, wenn man dünne Reiser oder Zweige um sie anhäuft und anzündet, wohl aber dann, wenn man grössere Holzstücke an sie heranwälzt und in Brand setzt, wenn es gerade längere Zeit trockene Witterung gegeben hat. Wenn man dann das Feuer sorgfältig anfacht und die halbverbrannten Holzstücke immer wieder an den Stumpf anhäuft, so wird man auch dicke Stümpfe ausbrennen oder eigentlich ausglimmen sehen, wie Schreiber dieses es bei tüchtigen Kolonisten in der Kolonie Gràõ Para öfters beobachten konnte. Die Arbeit, die dabei nötig ist, wiegt doch kaum mehr, als wenn man an das Niederschlagen eines neuen Stückes Waldland gehen muss, weil das alte oft schon nach wenigen Jahren keinen lohnenden Ertrag mehr geben will, das Jäten des Unkrautes immer schwieriger wird. Man kann auf die angeführte Weise dagegen schon nach 3—4 Jahren stubbenfreies Land bekommen; wenn dann auch die Wurzeln den Pflug behindern, so verfaulen sie doch weit schneller, wenn der Boden zunächst auch nur oberflächlich mit dem Pfluge gelockert wird. Ueberlässt man dagegen das Verfaulen der Witterung, so kann man je nach der Boden- und Waldbeschaffenheit oft 10—15 Jahre warten; besonders fette Thalgründe, in denen viele weiche Holzarten vorkommen, geben zuweilen auch ohne Zuthun schon in 5—6 Jahren pflugbares Land. Die liegengebliebenen Stämme kann man, wenn man für sie keine Verwendung hat, leichter ausbrennen oder ausglimmen lassen als die Stubben, nur manche Holzarten, wie die Canellas, brennen ziemlich schwer.

Einer der wichtigsten Punkte bei der Urbarmachung ist die Beschaffenheit des Geländes. Ist dasselbe zu steil und zerrissen, um es überhaupt einst pflügen zu können, dann ist es auch eine höchst überflüssige Mühe, noch die Stubben ausroden zu wollen. In der Mitte von Santa Catharina in den Kolonien Brusque, Theresiopolis, Izabel, São Pedro d'Alcantara, grösstenteils auch in Blumenau und Grão Para wird sicher über die Hälfte von allem Lande für Pflugkultur überhaupt zu steil sein, auch von dem übrigen Lande wird sich ein grosser Teil nur mühsam mit dem Wendepflug bearbeiten lassen und nur $1/4 - 1/5$ aller Ländereien wird sich bequem pflugbar machen lassen. Günstiger sind die Verhältnisse in Donna Francisca, am günstigsten im Süden in den Kolonien Urussanga, Cressiuma, Nova Venezia, überhaupt der ganzen Araranguágegend, da kann, abgesehen von den Sumpfstrecken, die indessen auch zum Teil entwässerbar sind, fast alles Land oder doch 80—90 % pflugbar gemacht werden. Die ebenen und sanft geneigten Stellen sind jedoch, abgesehen von den Alluvialböden der Flüsse, in der Regel weniger fruchtbar als die steilen Hänge, da die letzteren meist aus Urgesteinen und deren Verwitterungsprodukten bestehen, die ebenen Stellen dagegen gewöhnlich ältere Sedimentbildungen vorstellen, wodurch denn auch in den meisten Kolonien gerade die steilen Berghänge mit Vorliebe bearbeitet werden. Bei den heftigen Regengüssen wird dann aller Fruchtboden bald thalwärts geschwemmt und die Hänge verarmen schnell. Die Brasilianer bearbeiten übrigens öfters lieber steile Berge als fette Flussauen, weil das Unkraut auf ihnen nicht so üppig wuchert wie in den Thalsohlen, wo es, solange sie noch nicht gepflügt werden können, sehr schwierig zu bekämpfen ist. Die ersten Ernten pflegen ja auch auf Bergland kaum geringer zu sein als in den Flussauen, daher es der Brasilianer öfters vorzieht, frischen Urwald zu schlagen, als abgewirtschaftetes oder in Unkraut ersticktes Land mühsam zu bearbeiten und zu jäten. Bei der jetzt herrschenden Bodenbenutzungsart wird ein Stück Land so lange bebaut, als es lohnenden Ertrag gibt; ist das nicht mehr der Fall, bei Bergland gewöhnlich nach 3—12, höchstens 20 Jahren, wenn der Boden besonders fruchtbar ist, so wird es 3—5 Jahre liegen gelassen; es bedeckt sich dann mit einer Buschvegetation, der Capoeira, die schnell emporschiesst, in dem genannten Zeitraum 3—5 m Höhe erreicht und aus wertlosem, weichem Holz besteht. Dieses wird dann

abgehauen und verbrannt, darauf dem Boden noch einige
Ernten abgenommen, dann aber ist derselbe auch für längere
Zeiträume untauglich zur Hervorbringung von Kulturpflanzen.
An der Küste und auf der Insel Santa Catharina sieht man
fast nur ausgebautes, mit einer schwächlichen Capoeira bedecktes Land, die jedoch nicht mehr dicht steht wie die erste
Capoeira, sondern sehr licht, auch wird der Boden nicht
mehr hinreichend beschattet, wodurch er dann viel leichter
austrocknet und die Ameisen ergreifen von ihm Besitz, so
dass, selbst wo man durch starke Düngung solch einen Boden
wieder ertragfähig machen wollte, dies doch der Ameisen
wegen sehr schwierig ist. Auch eine Bewaldung mit nütz-
lichen Holzarten dürfte der Nährstoffarmut des Bodens wegen
nicht angehen; ist der Boden erst durch langes Brachliegen
hinreichend gekräftigt, so stellt sich bei dem gleichmässig
verteilten Regenfall von selbst wieder eine kräftigere Vegetation ein. — An der Küste, wo die Brasilianer des Fisch-
fanges wegen dicht ansässig sind, wird jedoch auch die
armseligste Capoeira immer wieder niedergehauen, um dem
Boden noch dürftige Mandiocaernten zu entnehmen, bis
zuletzt nur noch genügsame Disteln und höchstens ver-
krüppelte, myrtenähnliche Sträucher fortkommen. Dieses
Ausbauen und Liegenlassen des Bodens wird jedenfalls so lange
fortgesetzt werden, als es noch Wald im Küstengebiet geben
wird — dauernd für die Kultur gewonnen ist vorläufig nur
das weniger steile Gelände, das gepflügt und gedüngt werden
kann — zunächst indessen wohl nur die fetten Flussauen,
die, wenn auch ausgebaut, doch leichter wieder ertragfähig
zu machen sind. Das steilere, bergige Gelände wird dagegen,
nachdem es ausgebaut ist, wieder verlassen und zur jämmer-
lichen Capoeira-Wildnis werden, wie man es bereits vielfach in
älteren Kolonien sieht. Vielleicht, dass dann einst wieder eine
betriebsamere Bevölkerung, durch die Not gedrängt, es unter-
nimmt, die steilen Berglehnen zu terrassieren, dem Boden reich-
liche Mengen an mineralischen Dungstoffen zuzuführen, um ihn
wieder kulturfähig zu machen, die Schädlinge (Ameisen u. s. w.)
zu bekämpfen — günstig für eine derartige sorgfältige Kultivierung würden die gleichmässig verteilten Niederschläge wirken.

Die Kulturgewächse.

Als erste Frucht pflegt man in eine frisch gebrannte Rossa Mais zu pflanzen; man stösst dabei mit einem Stock in je einem Schritte Abstand ein Loch in den Boden, wirft darauf einige Maiskörner hinein und scharrt sie mit dem Fusse zu. Da es im Walde kein Gras gibt, so müssen neue Ansiedler auch dieses erst pflanzen, es werden dabei zwischen dem Mais aus einer bestehenden Weide ausgegrabene Wurzelbüsche der sogenannten Gramma, einer breitblätterigen Queckenart, gepflanzt.

Wenn der Mais reif geworden und abgenommen ist, hat diese Grasart den Boden bereits überzogen, so dass man bald Vieh darauf lassen kann. Es dauert also unter den günstigsten Umständen 6—8 Monate, mitunter aber 1 ½ Jahre, ehe ein Kolonist im Urwalde sich Rindvieh anschaffen kann. Diese Gramma ist im Winter sehr niedrig, sie überzieht dann kaum den Boden, liefert also wenig Futter und verfriert dabei sehr leicht, im Sommer ist sie bis zu ½ m hoch. Sehr nahrhaft ist sie jedenfalls nicht, worauf schon die geringe Milchergiebigkeit der Kolonistenkühe hinweist. Dieselben geben im Durchschnitt kaum 3—4 l täglich Milch, obgleich sie gewöhnlich noch Zufutter bekommen, auch soll in manchen Kolonien, z. B. Blumenau, die Rinderrasse durch eingeführte holländische Bullen verbessert worden sein. In dem in der Landwirtschaft bedeutend weiter fortgeschrittenen São Paulo, wird, wie auch Kärger bemerkt [1]), diese Gramma larga von allen Grasarten am niedrigsten geschätzt, viel höher dagegen andere Grasarten mit feineren, schmalen Blättern. In Santa Catharina sind diese unbekannt, nur der Capim, ebenfalls eine sehr üppig wuchernde Quecke, die jedoch feuchten, fruchtbaren Boden verlangt, wird gerne angepflanzt, da sie von dem Vieh der Gramma vorgezogen wird, auch wohl nahrhafter ist. Dass Luzerne und Kleearten nicht gut fortkommen, sondern vom Unkraut erstickt werden, liegt wohl nicht allein an der Kalkarmut des Bodens [2]), sondern wohl

---
[1]) Kärger, Brasil. Wirtschaftsskizzen, S. 390.
[2]) Kärger, Brasil. Wirtschaftsbilder, S. 126.

auch an dem Mangel an Kali und Phosphorsäure im Boden, auf gutem Boden soll wenigstens in Rio Grande do Sul Klee sehr gut fortkommen. Wenn Stutzer angibt, 2 Morgen (½ ha), mit Gramma bepflanzt, genügen vollkommen für eine Kuh, 1½ Morgen für ein Pferd, so dürfte das nur für fruchtbare Ländereien, vorzugsweise Auengelände Geltung haben, übrigens ist das durchaus nicht sehr hoch, und es spricht nicht so sehr für die von Stutzer gerühmte Nahrhaftigkeit der Gramma, wenn man damit die norddeutschen und holländischen Marschweiden und -Wiesen vergleicht und die Milchergiebigkeit der Kühe in Südbrasilien und andererseits die in Norddeutschland und Holland in Betracht zieht.

Die ersten Hütten der Ansiedler und überhaupt auch der ärmeren Brasilianer werden hergestellt, indem man sechs beschlagene Baumstämme als Eckpfosten in die Erde gräbt, sie durch kreuzweise gelegte Palmitenlatten verbindet, die mit Cipos angebunden werden, darauf die Zwischenräume der Latten mit Lehm verschmiert; das Dach wird mit den Blättern einer kleinen Palmitenart, der Uricanna gedeckt. So eine Hütte sieht freilich nicht sehr anmutig aus, indessen kann man ihr durch Auftragen einer Kalkschicht von innen und aussen ein mehr anheimelndes Aussehen geben, in den kleineren brasilianischen Städten findet man vielfach nur solche Häuser, die, wenn sauber gearbeitet, gedielt und mit Dachziegeln gedeckt von gemauerten Häusern kaum zu unterscheiden sind.

Mais wird in Santa Catharina vom August bis zum November gepflanzt, eine Varietät, die übrigens geringe Erträge gibt, kann sogar noch bis Anfang Januar gepflanzt werden; die gewöhnliche Pflanzzeit ist aber der September und Oktober; gewöhnlich pflanzt man unmittelbar nach der Maisernte im Februar noch Bohnen auf dasselbe Feld. Die schwarzen Bohnen können zweimal im Jahre gepflanzt werden, im Oktober und im Februar, sie bedürfen nur eines dreimonatlichen Wachstums, während der Mais eine 4—5 monatliche Vegetationsperiode hat. Ueber die Erträge begegnet man fast in allen Büchern Angaben, die geeignet sind, die übertriebensten Vorstellungen zu erwecken. Es heisst gewöhnlich: der Mais gibt in Südbrasilien das 100—300fache, schwarze Bohnen 50—100fache Erträge; damit soll die ausserordentliche Fruchtbarkeit des Bodens erwiesen werden; fast niemand fällt es dabei ein, die Aussaat pro gegebene Fläche anzugeben und damit die Erntemengen zu vergleichen, wodurch man doch allein im stande ist, ein richtiges Urteil über die Ertragfähigkeit eines Bodens zu fällen. Und doch besteht in Brasilien schon seit langer Zeit ein Flächenmaass, die Alqueire, welches die Fläche bedeutet, auf der eine Alqueire (40 l, früher 36 l) Mais oder Bohnen ausgepflanzt werden; diese Fläche wird in São Paulo zu 5000 Quadrat-Brassen (= 2,4 ha) angenommen; ein hundertfältiger Ertrag, wie man ihn in Donna Francisca erzielt, bedeutet also bloss eine Ernte von kaum 16 hl pro ha, ein der Nährstoffarmut des dortigen Bodens entsprechender geringer Ertrag. H. v. Ihering[1]) gibt für Rio Grande do Sul sogar nur eine Aussaat von 8—12 l pro ha und 160fältige Durchschnittserträge an, gleich 12,8 bis 19,2 hl pro ha! Stutzer[2]) gibt für Blumenau 180fältige Durchschnittserträge (28,8 hl pro ha) an Mais und 48—80fältige an Bohnen an, doch dürfte dies nur für die Auengelände oder aus Urgesteinen verwitterten Boden in den ersten Jahren stimmen. Auf dem fetten Alluviallande am unteren Tubarão und Araranguá wurden gewöhnlich 200fältige Erträge (32 hl pro ha) an Mais erzielt, trotzdem der Boden keine andere Düngung als das untergepflügte Unkraut erhalten hatte und dabei seit vierzig und mehr Jahren in Kultur war; ausnahmsweise wurde mir sogar von einem Ertrage von 80 hl pro ha auf frischer Urwaldrossa am Tubarão erzählt. In den Kolonien Azambuja und Grão Para gehen die Durchschnittserträge kaum über das 100—150fache hinaus.

Von den europäischen Getreidearten, die in Santa Catharina nur auf dem Hochlande fortkommen, wird in São Bento und nördlicher um Curityba in Parana fast nur Roggen gebaut[3]). Die Erträge sind im allgemeinen 12—15-, höchstens

---

[1]) Dr. H. v. Ihering, Rio Grande do Sul, Gera 1885, S. 120.
[2]) G. Stutzer, Das Itajahythal, Goslar 1887, S. 50.
[3]) Die Qualität steigt, wie selbst der sonst so optimistische Hr. v. Hundt (Santa Catharina, S. 49) zugibt, selten über deutsches Vogelfutter.

20fache; bloss von einem Landwirt, der stark düngte (55 Fuder Dünger auf eine Alqueire Land), berichtet Kärger (Brasil. Wirtschaftsbilder, S. 265), dass er 25—40fältige Erträge erzielte, wobei er 4—5 Alqueiren (à 40 l) pro Alqueire Land ausgesäet hatte, also 16—32 hl pro ha erntete; während die anderen Kolonisten, die doch ebenfalls düngen, wenn auch weniger stark, bloss 8—12 hl pro ha erzielten. Weizen kommt in dem schwarzen Moorboden des Hochlandes wegen Nährstoffarmut überhaupt nicht fort, oder wird doch sehr stark von Rost befallen [was ja übrigens auch in europäischen Moorböden vorkommt]. Versuche, die in Paraná mit dem Weizenbau gemacht sind, haben immer fehlgeschlagen, zuletzt noch ein Versuch im Jahre 1886 seitens des damaligen Provinzpräsidenten Taunay, der beträchtliche Mengen Saatweizen von verschiedenen Sorten unter die Kolonisten und Landwirte verteilen liess. Auf den mehr lehmigen Campos von Lages in Santa Catharina soll der Weizen fortkommen, die an das Hochland anstossenden, hochgelegenen Kolonien Conde d'Eu, Izabel, Caxias in Rio Grande do Sul bauen ziemlich viel Weizen, nach Soyaux[1] mit 35 fältigen Erträgen. Wenn Sellin gar von 120fältigen Weizenerträgen[2] auf den Campos des Camacuam in Rio Grande berichtet, wo zu Anfang dieses Jahrhunderts Weizen gebaut wurde, so muss man sich wieder vergegenwärtigen, dass der Weizen daselbst 4—8mal weniger dicht als im Norden gesäet oder vielmehr gepflanzt werden muss, da er sonst zu dicht aufschiessen und nur Stroh geben würde. Dass der Weizenbau auf diesen Campos des Camacuam aufgegeben werden musste, weil häufig Rost auftrat, ist wohl ein Beweis für die schnelle Erschöpfung des Bodens. Im Küstenlande von Santa Catharina pflanzen die italienischen Kolonisten von Azambuja und Urussanga alljährlich etwas Weizen, allein er gerät nur alle 3—4 Jahre einmal, wenn die Witterung gerade verhältnismässig trocken gewesen ist.

Brot wird im Küstenlande gewöhnlich aus Maismehl

---

[1]) Deutsche Kolonialzeitung 1887, S. 182.
[2]) Sellin, Das Kaiserreich Brasilien, Leipzig 1885, T. II, S. 186.

bereitet, da das importierte Weizenmehl den Kolonisten zu teuer ist und hauptsächlich nur in den Städten abgesetzt wird. Das Maisbrot ist sehr trocken und wird leicht hart; um es schmackhafter und weicher zu machen, versetzt man es mit der Karáwurzel. Die italienischen Kolonisten bereiten jedoch aus Mais nur ihre gewohnte Polenta und die Brasilianer kommen mit dem Mandiocamehl aus. Sonst wird Mais vielfach als Viehfutter, namentlich zur Mästung der Schweine, des Geflügels verwandt, da er sich auf diese Weise besser bezahlt macht, als wenn man ihn direkt verkaufte, wobei öfters an eine Ausfuhr, der schlechten Wegbeschaffenheit und hohen Transportkosten wegen, kaum zu denken ist; Speck und Schmalz verträgt dagegen erheblich höhere Transportkosten. Die in Santa Catharina gezogenen Schweinearten sind: 1. die Macao-Schweine chinesischer Abstammung, die sehr fett und leicht zu mästen sind, aber keinen guten Speck und sehr wenig Fleisch enthalten, 2. die sogenannten ungarischen Schweine, die sich schlecht mästen, aber ein besseres Fleisch besitzen. Zur Zucht wird gewöhnlich eine Kreuzungs-Rasse von den beiden erstgenannten gehalten, doch nennt Kärger auch diese Kreuzungsrasse, wenigstens in Donna Francisca, infolge fortdauernder Inzucht degeneriertes Gesindel, wenigstens im Verhältnis zu den durch Kreuzung mit englischen Schweinen erzielten Schweinerassen in São Paulo. Da Maisfütterung allein zu kostspielig wäre, so wird zu Futterzwecken die Mandiocawurzel [Manihot utilissima Pohl] angebaut. Sie ist zweijährig, kann jedoch auf gutem Boden schon nach einem Jahre benutzt werden. Da sie einen stark giftigen Saft enthält, der jedoch nach neueren Untersuchungen nicht, wie gewöhnlich angegeben wird, Blausäure enthalten soll[1]), so muss das Vieh, sowohl Rinder wie Schweine, durch progressiv gesteigerte Gaben an sie gewöhnt werden. Es wird zwar auch eine einjährige, sogenannte zahme Mandiocaart (Manihot Aipi Pohl), die nicht giftig ist, angebaut, allein sie gibt bedeutend geringere Erträge als die giftige Art und wird daher vorzugsweise nur als Nahrungsmittel für Menschen benutzt,

---

[1]) Export 1887, S. 112.

statt der Kartoffeln, die namentlich in lehmigem Boden nicht sehr gut fortkommen. Ihr Geschmack, sowie jener der ebenfalls als Kartoffelsurrogat benutzten süssen Bataten erinnert gekocht an gefrorene Kartoffeln.

Die Mandiocawurzel verlangt einen trockenen, am liebsten sandigen oder kiesigen Boden, sie bevorzugt steile, sonnige Hänge, missrät dagegen leicht an der Schattenseite der Berge, sowie auf schwerem, lehmigem Boden oder in den fetten Flussauen. Aus der Mandiocawurzel wird durch Abschaben der Knollen, Zerreiben zu einem Brei, Auspressen des giftigen Saftes unter einer starken Presse, endlich Rösten in einer rotierenden Trommel das Mandiocamehl bereitet, welches die Brasilianer zu allen Mahlzeiten anstatt Brot nehmen, der Geschmack erinnert an Sägespäne, mit heissem Wasser zu einem Brei angerührt an rohe Klösse. Sehr nahrhaft ist dieses Mehl nicht, da es ausser Holzfaser, die in einem beträchtlichen Prozentsatz enthalten ist, fast nur Stärkemehl enthält. Vier Kilo Wurzeln liefern gewöhnlich ein Kilo Mehl. Die Erträge sind nicht genau zu bestimmen, doch ist es sicher gewaltig übertrieben, wenn Stutzer 20000 Pfund Farinha vom Morgen [1] = 160000 Kilo Wurzeln pro Hektar rechnet oder Sellin gar 1800 Kilo Wurzeln pro Ar [2] = 180000 pro Hektar annimmt (an Rüben erntet man in Deutschland durchschnittlich 25000 und nur auf bestem Boden bis zu 40000 Kilo pro Hektar, Kartoffeln durchschnittlich 10000, im besten Falle 20000 Kilo pro Hektar). Andere Autoren, z. B. Woldemar Schultz (S. 182) geben dagegen zu niedrige Ziffern an, er rechnet 320 Alqueiren Farinha von 10000 Quadrat-Brassen Land = 10000 Kilo Wurzeln pro Hektar, das dürfte nur in den verhältnismässig wenig fruchtbaren Ländereien von Donna Francisca zutreffen. Im allgemeinen werden für guten Boden wohl die Angaben von Simmonds richtig sein, wonach 10000 Quadrat-Brassen (= 4,8 ha) Land mit 40000 Mandiocapflanzen bestanden, 80000 Pfund Mehl geben [3]), was 33300 Kilo Wurzeln pro

---

[1]) Stutzer, Das Itajahythal, S. 54.
[2]) Sellin, Brasilien, I. T., S. 174.
[3]) Simmonds, Tropical Agriculture, London 1877, S. 350.

Hektar entspricht. Damit stimmen einigermaassen die Angaben von Gülich, der 46000 Kilo Wurzeln pro Hektar Ertrag rechnet[1]) und meine persönlichen Erkundigungen. Die Mandiocawurzel bietet den Vorteil, dass man sie das ganze Jahr frisch aus der Erde holen kann, was mit den übrigens ebenfalls gut fortkommenden Rüben nicht der Fall ist. Die wertvollste Kulturpflanze in Santa Catharina ist unstreitig der Kaffeebaum, nur ist derselbe gegen Frost sehr empfindlich, jedenfalls empfindlicher wie das Zuckerrohr, nicht umgekehrt, wie v. Tschudi[2]) und nach ihm sogar Wappäus[3]) behauptet. Am Nordarm des Tubarào wird an den Berglehnen überall noch mit gutem Erfolge Zucker gebaut, während die Kaffeesträucher in den geschütztesten Lagen, an Häusern u. s. w. vom Frost leiden, so dass die Beeren vor der Zeit schwarz werden und abfallen. Sicher ist der Kaffeebau nur an der Küste und auf den Inseln, doch wird er noch an den nördlichen Hängen, der Sonnenseite der Küstenflüsse gepflanzt, in den Thälern erfriert er. Am Itajahy kommt er noch eine beträchtliche Strecke in der Kolonie Blumenau hinauf fort und es könnte dort jedenfalls bedeutend mehr Kaffee gepflanzt werden, als es jetzt der Fall ist, wo Kaffee noch eingeführt wird. In Donna Francisca steht dem Anbau die geringwertige Bodenqualität entgegen, auch scheinen daselbst die Hügel weniger frostsicher zu sein, wie die am Itajahy. Am Tubarào wird an den Berghängen noch bis zur Einmündung des Nordarmes Kaffee gepflanzt, ja er kommt selbst an einigen geschützten Hügelhängen am Araranguá noch fort. Der Kaffee reift in Santa Catharina allerdings unregelmässiger als im mittleren Brasilien, auch die Erträge sollen geringer sein, doch hat man in Blumenau Erträge von 6—8 Pfund Kaffee pro Baum erzielt, also kaum weniger als in den besten Kaffeelagen von São Paulo; wo die klimatischen Bedingungen es zulassen, ist der Kaffeebau von allen Kulturen die lohnendste. Der Kaffeebaum verlangt aber auch sorgfältige Behandlung, er muss öfters (in S. Paulo 5—6mal jährlich) von

---

[1]) Deutsche Kolonialzeitung 1886, S. 416.
[2]) J. v. Tschudi, Reisen in Südamerika, III. Bd., S. 357.
[3]) Wappäus, Brasilien, Leipzig 1871, S. 1809.

Unkraut gereinigt werden, wobei das in den Zwischenräumen der Bäume gewachsene Unkraut abgehackt und an die Baumscheiben angehäuft werden muss. In São Paulo werden bei der Verpflanzung von 1—2jährigen Pflänzlingen öfters bis zu 1 cbm grosse Baumlöcher ausgehoben und nachher mit lockerer Erde, Laub, Dünger angefüllt, welche Sorgfalt in Donna Francisca auf notorisch schlechtem Boden unbekannt ist. Die Erträge betragen pro Hektar à 1000 Bäumen in voller Tragfähigkeit (nach dem sechsten Jahr) 900—3000 Kilo je nach Boden und Behandlung. Eine Arbeiterfamilie hat in den Kaffeeprovinzen gewöhnlich 3 bis 4000 Bäume in Behandlung.

Nächst dem Kaffee ist das Zuckerrohr die lohnendste Kulturpflanze. Am besten gedeiht es auf dem Alluvialboden am Unterlauf der Flüsse, tiefer im Lande und auf den höher gelegenen Ländereien müssen einigermaassen frostsichere, vorzugsweise östliche und nördliche Hänge ausgesucht werden. Ein geringer Frost beschädigt übrigens bei dicht stehendem Zuckerrohr nur die Blätter und Spitzen des Rohres, selten das Rohr selbst, so z. B. tritt am Nordarm des Tubarao jeden Winter Frost auf, trotzdem erzielen die Kolonisten daselbst schönen Zucker. Nach Spielberg[1]) kommen in Tucuman Fröste bis zu 6° C. vor, wobei auf dichten Zuckerrohrfeldern nur die Spitzen des Rohres erfrieren. Indessen sind doch auch im Küstengebiet von Santa Catharina weite Gebirgsteile im Innern für Zuckerrohr zu kalt oder haben einen zu schlechten Boden. Eine grössere Zuckerfabrik mit neueren Einrichtungen gibt es bloss in der Kolonie Donna Francisca, sonst wird das Rohr noch durchweg nach uralter Art zwischen drei hölzernen Walzen, die durch ein von Ochsen bewegtes Göpelwerk (stellenweise auch durch ein Wasserrad) in Bewegung gesetzt werden, ausgepresst, dabei geht ein grosser Teil des Saftes unbenutzt verloren, man gewinnt höchstens 4—5 % vom Rohrgewicht an Zucker, während eiserne Walzen eine Ausbeute von 7—8 % gewähren; mittels des Diffusionsprozesses lässt sich der Ertrag sogar auf 12—13 % steigern, allein dazu sind vervollkommnete Einrichtungen in grösseren

---

[1]) Deutsche Kolonialzeitung 1885, S. 145.

Anlagen notwendig. Es ist wohl sicher, dass wenn die Gewinnung des Rohrzuckers ebenso sachgemäss betrieben würde wie die des Rübenzuckers, eine Konkurrenz des letzteren mit dem Rohrzucker auf dem Weltmarkte kaum möglich wäre, da der Saft des Zuckerrohrs viel weniger auszuscheidende fremde Bestandteile enthält als der Rübensaft, daher leichter zu verarbeiten ist, ausserdem liefert Zuckerrohr auf gutem Boden bedeutend höhere Erträge als die Rübe. Man rechnet in der eigentlichen Tropenzone bis zu 100000 Kilo Rohertrag pro ha, gegenüber 40000 Kilo Rüben auf bestem Boden. In Santa Catharina freilich dürften im Mittel kaum über 50000 Kilo Rohr pro Hektar geerntet werden; Woldemar Schultz (S. 185 f.) rechnet sogar nur 320 Arroben (4800 Kilo) Zucker von 4,8 ha Land, also höchstens 25000 Kilo Rohr, auch dies dürfte nur für mittelmässige Ländereien stimmen; J. v. Tschudi[1]) rechnet im Itajahythal durchschnittlich 50 Arroben (750 Kilo) Zucker, nebst einer Pipe (480 l) Branntwein vom preussischen Morgen, gleich etwa 60000 Kilo Rohr pro ha, auf gut gedüngtem Auenboden sogar um 50% mehr. Der Zuckergehalt des Rohrs dürfte zwar geringer sein als in der eigentlichen Tropenzone, wo er mitunter auf 18—22% steigt, allein unter 15% dürfte er, ähnlich wie in Tucuman nicht sinken, damit kommt er immer noch dem Zuckergehalt guter Rüben gleich, übertrifft aber den Durchschnittsgehalt derselben. Gegenwärtig wird (abgesehen von Donna Francisca) nur Rohzucker erzeugt; der ausgepresste Saft wird nämlich in offenen Pfannen, die bis zu 2 m Durchmesser haben, eingedickt, dann in grosse Tröge mit durchlöchertem Boden gegossen, damit der Syrup abfliessen kann. Auf diese Art können 2—3 Menschen, bei starkem Holzverbrauch, kaum 100 Kilo Rohzucker täglich herstellen. Der Syrup und oft auch schon der Saft des Zuckerrohrs wird mittels sehr primitiver Einrichtungen zur Bereitung eines Branntweins von schwachem (8—16%) Alkoholgehalt, des Cachaça benutzt. Dieser Cachaça hat jung einen unausstehlichen Fuselgeschmack, wird aber mit der Zeit besser.

---

[1]) Reisen durch Südamerika, Bd. III, S. 395.

Auch der Zuckerrohranbau wäre in Santa Catharina noch einer bedeutend grösseren Ausdehnung fähig, erzeugt doch das kleinere Natal in Südafrika, das ähnliche klimatische Bedingungen aufweist, 25 000 Tons Zucker jährlich, Santa Catharina schwerlich auch nur den vierten Teil davon. Tüchtige Kolonisten am Braço do Norte erzielen trotz ihrer unvollkommenen Einrichtungen mitunter 3—500 Arroben (à 15 Kilo) Zucker, nebst entsprechenden Mengen Cachaça.

Grosse Hoffnungen hat man früher auf den Tabakbau gesetzt, allein Südbrasilien erzeugt keine hochwertige Sorte; Blumenauer und Santa Cruz Tabak wertete 3—4 Milreis (6—8 M.) die Arrobe (15 Kilo), während Bahiatabak kaum unter 15 Milreis zu haben ist. Allerdings mag ja die Kultur und Behandlung der Blätter nicht sachgemäss genug sein, mit dem wertvolleren Tabak aus dem nördlichen Brasilien wird der südbrasilische indessen nie konkurrieren können. Dabei verlangt der Tabak fruchtbaren Boden, den er schnell erschöpft. Die Mittelerträge sollen in Blumenau 900—1200 Kilo fertige Blätter pro Hektar betragen.

Für Baumwolle ist das Klima wohl zu gleichmässig feucht, es fehlt an einer, wenn auch nur kurzen Trockenzeit, wie in São Paulo, die zur Reife der Baumwollenstaude nötig ist; auch der ihr zusagende sandige Boden ist zu wenig vertreten. Für den Hausbedarf wird die Baumwolle von manchen, namentlich italienischen Kolonisten gezogen.

In der Mitte der 80er Jahre setzte man auch auf Ramie (Chinagras), der auf dem Schwemmlande der Flüsse vortrefflich gedeiht, grosse Hoffnungen, allein es fehlt noch an einer im Handel erhältlichen geeigneten Entfaserungsmaschine. In Blumenau sollte gegenwärtig eine Fabrik für Ramieverarbeitung angelegt werden. Viel geredet wurde früher über den Anbau von »hochwertigen« Droguen[1]), allein was für hochwertige Droguen gezogen werden könnten, wäre noch nachzuweisen. Süd- und sogar mittelbrasilianische Vanille enthält fast kein Vanillin, sogar die nordbrasilianische ist nicht

---

[1]) Cf. W. v. Hundt, Santa Catharina, Einleitung; Julius Jencke Ackerwirtschaft in Südbrasilien; Deutsche Kolonialzeitung 1885, Nr. 6 und 7.

konkurrenzfähig [1]), brasilianischer Copaivabalsam ist zu dünnflüssig, von Sassaparilla wird wenigstens in Deutschland nur die Hondurassorte zugelassen [2]). Die Chinarinde enthält, wie bereits früher erwähnt, kaum Spuren von Chinin, auch der Cocastrauch, den man in São Paulo angepflanzt hat, lieferte ein ähnliches Resultat wie der Chinabaum: es fehlte den Blättern das Cocain. Sogar der echte Theestrauch kommt in Brasilien schlecht fort, in São Paulo gibt es mehrere Theeplantagen, darunter eine im Municipium Itú von 500 000 Bäumen (cfr. Kärger, Brasil. Wirtschaftsbilder S. 300), der brasilianische Thee wertete 1890/91 im Lande nur 2—2 ½ Milreis das Kilo, während der eingeführte indische oder chinesische den dreifachen Preis hatte. Der brasilianische Thee ist, wie bereits Tschudi ganz richtig bemerkt [3]), äusserst bitterlich und regt dabei weit stärker auf als der chinesische; in Europa würde er daher keinen Absatz finden. Es mag sein, dass das gleichmässigere feuchte Klima des Küstenstriches von Santa Catharina dem Thee besser zusagt, als das von São Paulo, allein es fehlt vorläufig noch alle praktische Erfahrung darüber. Was den in Südbrasilien überall auf dem schlechtesten Boden, vorzugsweise des Hochlandes, vorkommenden Matéstrauch (Ilex paraguayensis) anlangt, so wird der aus seinen Blättern durch Dörren und Zermahlen zu Pulver bereitete Maté nur in den Laplata-Ländern und Chile abgesetzt; in Europa ist er unverkäuflich, zumal er einen von dem Dörren im Walde über offenem Feuer herrührenden rauchigen Geschmack besitzt. Gut behandelt und sorgfältig in einem Ofen gedörrt, ist er allerdings besser und dürfte den geringeren Sorten des chinesischen Thees nicht viel nachstehen, allein in Europa dürfte er doch schwerlich viel Anklang finden. Anpflanzungen würden bei dem niedrigen Preise (er kostete 1890 in den Hafenstädten höchstens 3 Milreis die Arrobe) sich kaum lohnen, da er auf dem Hochlande häufig genug vorkommt, oft ganze Holzbestände bildend. Die Jesuiten haben ihn im vorigen Jahrhundert allerdings anpflanzen lassen,

---

[1]) Export 1887, S. 107.
[2]) Ebenda, S. 108.
[3]) Reisen durch Südamerika, Bd. IV, S. 106.

allein sie hatten an ihren bekehrten Indianern Arbeiter, die ihnen nichts kosteten.

Es bliebe vielleicht noch der Weinbau übrig, allein der Erzeugung einer guten Sorte stellt das gleichmässig feuchte Klima von vornherein eine ungünstige Prognose. Thatsächlich kommt in Santa Catharina nur die amerikanische Rebe, nicht die europäische fort; die ersten Ansiedler der Insel Santa Catharina, die aus der Insel Madeira kamen, werden es wohl an Versuchen mit ihrer heimatlichen Rebe nicht haben fehlen lassen. Die gewöhnlich angepflanzte amerikanische Isabelltraube gibt zwar einen bedeutenden Ertrag, allein die Beeren reifen ungleichmässig und haben einen fuchsigen Geschmack, so dass der daraus bereitete Wein, namentlich wenn die unreifen Beeren nicht ausgelesen sind, kaum besser ist als Essig, wozu auch die ungünstige Reifezeit der Beeren mitten in der heissen Jahreszeit, und infolge dessen, zu schnelle Gährung beiträgt. In São Paulo hat man mit einigen anderen nordamerikanischen, spät reifenden Reben bessere Erfolge erzielt, allein das Klima des Hochlandes von São Paulo ist auch trockener als das des Küstengebietes von Santa Catharina, welches schwerlich jemals Wein ausführen wird. Gegenwärtig gibt es daselbst, namentlich bei italienischen Kolonisten, wohl einzelne Weinlauben, nicht aber grössere Anpflanzungen. Reis wird gegenwärtig in grösserem Maasstabe fast nur in Donna Francisca angebaut, woselbst sich auch eine grössere Reismühle befindet. Geerntet werden 24—64 hl an rohem Reis pro ha; beim Entschälen fällt die Hälfte als Bruchreis und Abfall weg, welcher letztere indessen als gutes Viehfutter verwendbar ist. Jedenfalls verdiente der Reis des hohen Preises wegen, der in Brasilien dafür bezahlt wird (1890: 12 Milreis = 24 M. pro Sack von 60 Kilo), grössere Beachtung als das bis jetzt der Fall ist. Der in Massen importierte indische Reis ist von geringerer Qualität als der brasilianische. Kolonisten, die sich nicht selbst Reisentschälungsmaschinen anschaffen können, bringt der Reisbau allerdings wenig Vorteil, da sie ihn gewöhnlich zum halben Preise verkaufen müssen, als wenn sie ihn selbst entschälen könnten.

Vortrefflich gedeihen die Bananen und Orangen. Die an

der Küste gelegenen Ortschaften verschiffen bedeutende Mengen von Bananen nach den Laplata-Staaten. Dem Export von Orangen stehen die Ausfuhrzölle und die komplizierten Transportverhältnisse entgegen, auch fehlt es noch an grösseren Anpflanzungen; eine kleine Orangenpflanzung hat dagegen fast jeder Kolonist. Wenn Dr. Mayr meint, die Orangen und Trauben aus feuchten und feuchtwarmen Gebieten erreichen nie den Wohlgeschmack und das Aroma solcher, die in trocken warmen Gegenden gewachsen sind [1], so stimmt das wohl für die Trauben, aber nicht für die Orangen von Santa Catharina, da sie an Aroma und Wohlgeschmack schwerlich den sizilianischen oder tangerischen nachstehen und somit wohl einen wichtigen Exportartikel liefern könnten. Aus dem Saft der Orangen wird durch Zusatz von Zucker und Gährenlassen ein Wein hergestellt, der gut abgelagert, nicht so übel ist, jedenfalls dem aus Trauben hergestellten Erzeugnis weit überlegen ist.

Die Bevölkerung; Schlussfolgerungen.

Was die Urbewohner des Landes, die Bugres, betrifft, so gehören sie nach Dr. P. Ehrenberg [2] zur Ur-Ges-Gruppe, sie nennen sich selbst Sokleng. Von manchen Autoren sind sie mit den Botokuden verwechselt worden, letztere tragen jedoch Holzpflöcke, die Bugres spindelförmige Holzzierrate. Ihre Hautfarbe ist ein Rotbraun; bei einigen Kindern, die von dem Direktor der Kolonie Grào Para erzogen wurden, war Hautfarbe und Typus mongolenähnlich. Die Jesuiten sollen sie zu zähmen und zu bekehren verstanden haben, gegenwärtig stehen sie jedoch Brasilianern wie Kolonisten feindlich gegenüber, überfallen gern vereinzelte, schlecht bewaffnete Ansiedler und werden dann auch, wo sie sich nur sehen lassen, von den Ansiedlern wie wilde Tiere niedergeschossen. In Blumenau sollen seit dem Bestehen der Kolonie 10—12 Ansiedler von ihnen getötet sein, je ebensoviel in Theresiopolis und Azambuja. Nach Angaben der

---

[1] Dr. H. Mayr, Die Waldungen von Nordamerika, München 1890, S. 104.
[2] Petermanns Mitteil. 1891, S. 116.

Vermessungsbeamten der Kolonie Grão Para soll es an der Mailuzia, ihrem Hauptsitz, noch circa 2—3000 Bugres geben.

Deutsche Kolonisten und deren Nachkommen mag es in Santa Catharina circa 50000 geben, Brasilianer portugiesischer Abstammung wohl 2 bis 3mal soviel, Neger und Mischlinge sind nicht sehr zahlreich. Italienische Kolonisten mag es jetzt an 15000 geben. Die deutschen Kolonisten bewahren ihre Nationalität da, wo sie in dichten, kompakten Massen beisammen sitzen, in Blumenau, Donna Francisca, nicht aber in den Städten oder den Kolonien, wo sie viel mit Brasilianern in Berührung kommen; da werden zwar nicht die ersten Einwanderer, wohl aber deren Kinder und Enkel bald zu Brasilianern.

Mit der Schulbildung ist es nicht zum besten bestellt; es gibt zwar von der Regierung subventionierte Schulen, allein die sind wenig zahlreich, und die Kolonisten sind meist gezwungen private Schulverbände zu bilden und Lehrer anzustellen. Da jedoch kein Schulzwang besteht, somit nicht alle Eltern ihre Kinder in die Schule schicken und die meisten Kinder nur auf kurze Zeit die Schule besuchen, da die Lehrer auch nicht durchweg zu den tüchtigsten Elementen gehören, woran zum Teil auch die kärgliche Besoldung schuld ist (manche Lehrer bekommen kaum 30—40 M. monatlich), so ist im allgemeinen selbst in den grossen deutschen Kolonien, Blumenau und Donna Francisca, in denen je zwei wöchentliche Zeitungen erscheinen, ein Bildungsrückschritt unverkennbar; sehr schlecht steht es mit Theresiopolis und Braço do Norte, wo kaum je eine Schule besteht und dabei von 6—700 Kolonistenfamilien zusammen 1890 auf drei Zeitungsexemplare abonniert wurde! Grão Para und Azambuja hatten je eine schwach besuchte Schule.

In deutschen kolonialfreundlichen Kreisen ist öfters auf den blühenden Zustand der deutschen Kolonien in Südbrasilien hingewiesen worden, ihre Entwickelungsfähigkeit und Geeignetheit für deutsche Auswanderer betont worden. Was jedoch die erzielten materiellen Resultate betrifft, so halten sie keinen Vergleich aus mit denen, die in anderen, von Engländern besiedelten subtropischen Kolonien, Australien und dem Kaplande erzielt worden sind. Während Australien auf den Kopf der Bevölkerung einen jährlichen Handelsumsatz (Import und Export) von 800 Mark aufweist und auch das Kapland, wenn man die allein produzierende europäische Bevölkerung in Betracht zieht, kaum davor zurücksteht, beträgt der Jahresumsatz in dem reichsten brasilianischen Kaffeestaat São Paulo kaum 250 Mark per Kopf; in den deutschen Kolonien Blumenau und Santa Cruz (in Rio Grande) kaum 100—150 Mark [Export und Import von Blumenau betrug 1889 bei 20000 Einwohner je etwa 640 Contos (1 ¼ Million Mark)]; nur in dem am günstigsten situierten São Lourenço in Rio Grande, Braço do Norte und Theresiopolis in Santa Catharina erhebt sich der Umsatz bis zu 300 M. [Theresiopolis hatte 1884 bei 350 Kolonistenfamilien etwa 308 Contos (500000 M.) Ausfuhr [1]), ähnlich situiert ist Braço do Norte]. Woran liegt das? Inferiorität der Deutschen gegenüber Engländern anzunehmen, geht kaum an, da deutsche Kolonisten in englischen Kolonien und Nordamerika vor den Engländern nicht zurückstehen. Es müssen also andere Gründe maassgebend sein und diese sind: der verschiedene Entwickelungsgang und die öffentlichen Zustände [2]). Die englischen Kolonien entwickeln sich mehr von innen heraus, die Kolonisten gingen

---

[1]) Cf. Export 1885, Nr. 21.

[2]) Die meist untaugliche Leitung der Kolonien, der Mangel an Beispiel und Anspornung trägt mit die Schuld, dass der deutsche Kolonist verhältnismässig wenig zur Hebung des Landes beigetragen hat; er ist zwar fleissiger und arbeitstüchtiger als der Brasilianer, in der Bodenbearbeitung und auch sonst in vielen Beziehungen ist er aber auf die Kulturstufe der Brasilianer herabgesunken — analoge Verhältnisse finden wir ja wieder bei den deutschen Kolonisten in Südrussland (cf. dazu den Artikel von Seeberg, »Ausland«, S. 348 d. J.). Wenn in englischen Kolonien, sowie in Nordamerika der deutsche Kolonist nicht zurückgeblieben ist, so ist das auf den Einfluss der Umgebung zurückzuführen und der beste Beweis dafür, dass es nicht genügt, Kolonisten aus alten Kulturländern unter kulturell niedriger stehenden Leuten sich ansiedeln zu lassen, damit letztere auf eine höhere Kulturstufe gebracht werden, sondern bei der Verschiedenheit der Verhältnisse der einzelnen Länder muss erst durch Leitung und Beispiel dafür Sorge getragen werden, dass die Kolonisten nicht selbst auf eine tieferen Standpunkt herabsinken. Dass die Deutschen in Nordamerika nur da am meisten leisten, wo sie mit Amerikanern zu konkurrieren haben, berichtet auch Prof. Sering (Die landwirtschaftl. Konkurrenz Nordamerikas, Leipzig 1887, S. 487).

aus eigener Initiative hin und siedelten sich an, wo es ihnen gerade passte. Die Regierung schenkte ihnen keinen Pfennig, dafür aber konnten die ersten Ankömmlinge sich die geeignetsten und am günstigsten gelegenen Ländereien aussuchen, von denen sie jedoch nur eine bestimmte Fläche, die sie bewirtschaften konnten (in Nordamerika bekanntlich 160 Acres = 64 ha), occupieren durften, so dass die nachrückenden Ansiedler sich immer an die ersten unmittelbar anschlossen. Um die Kosten der Ansiedelung aufzubringen und noch darüber Gewinn zu erzielen, erhoben sich die Kolonisten im regen Wetteifer miteinander zu äusserster Kraftanstrengung; um Arbeit zu sparen, wurden vervollkommnete Geräte und Maschinen eingeführt. Die nachfolgenden Einwanderer konnten, soweit sie unvermögend waren, bei den älteren Ansiedlern stets Arbeit gegen angemessenen, meist nicht niedrigen Lohn finden, so dass sie die Wirtschaftsweise kennen lernten, und wenn sie sich selbständig gemacht hatten, nun ebenfalls den gesehenen Beispielen und Vorbildern nachzueifern bestrebt waren. Vor allem aber wurde in englischen Kolonien für billige Transportbedingungen und leichte Angliederung an den Weltverkehr gesorgt. Anders in Brasilien zu Anfang dieses Jahrhunderts; da geschah die Kolonisation durch äussere Ursachen, die Regierung oder Gesellschaften mit Regierungsunterstützung siedelten die Kolonisten an. Alles günstig gelegene und am besten geeignete Land war zwar noch lange nicht besiedelt, aber es war von früher her quadratmeilenweise von verschiedenen Besitzern eingezogen worden. Die Kolonien wurden fast immer tief im Urwalde, an ungünstigen und ungeeigneten Punkten, z. Th. auf schlechten Ländereien angelegt. Die Leitung der Kolonien war gewöhnlich nachlässig, fast nie besassen die leitenden Persönlichkeiten landwirtschaftliche Fachkenntnisse, konnten also den Kolonisten kein Beispiel und Vorbild geben, noch weniger fanden sie solche an den brasilianischen Bewohnern. Man zahlte den Kolonisten, um ihnen die Ansiedelung zu erleichtern, wohl Subsidien, oder liess sie die nötigen Landwege bauen, die Zahlungen geschahen in der Regel unregelmässig, mit einem Wort: die Ansiedler wurden systematisch demoralisiert. Die durch den schwierigen Transport auf schlechten Landwegen benachteiligten Produkte wurden durch unsinnig hohe Eisenbahn- und Dampferfrachten noch mehr entwertet und um dem Unsinn die Krone aufzusetzen, wurden Ausfuhrzölle, auch interprovinziale und municipale eingeführt. Infolge der hohen Spesen und Transportkosten u. s. w. waren die Preise aller Produkte auf den Kolonien so niedrig, dass es sich nicht lohnte, Hilfsarbeiter anzustellen, damit fiel Beispiel und Anspornung für spätere Ankömmlinge weg, es setzte sich ein bequemer Schlendrian fest, sich mit geringen Leistungen zu begnügen, wie man sie an den Brasilianern sah, ja manche Kolonieleiter, namentlich in Donna Francisca, waren geradezu ängstlich bemüht, den Kolonisten klar zu machen, sie könnten nur geringe Landstücke, höchstens 10—20 Morgen, bewirtschaften! In der That entfielen nach Wappäus (S. 1821 und 1825) 1868 in Donna Francisca auf eine Kolonistenfamilie durchschnittlich 2¼ ha Kulturland, 2½ ha Weide, in Blumenau 2 ha Kulturland, 1¼ ha Weide; 1886 soll es in Blumenau 18000 ha Kulturland und Weide gegeben haben, also 6 ha pro Familie, auf 20 Kolonistenfamilien entfiel ein Pflug! Wo die Absatzbedingungen günstig waren, haben es manche Kolonien trotz schlechter Wege zu tüchtigen Leistungen gebracht, so Theresiopolis, dessen Kolonisten in dem 1—2 Tagereisen entfernten Desterro um 50% höhere Preise erhalten, als die von Blumenau. (Von den bis 1863 eingewanderten circa 600 Familien waren der ungenügenden und schlechten Ländereien wegen 1884 nur noch 350 Familien da.) In Donna Francisca sind nach Tschudi bis 1860 circa 8000 Kolonisten eingewandert [1]), jedoch kaum der dritte Teil geblieben; auch später ist ein grosser Teil der Einwanderer nach Curityba und São Paulo fortgezogen, da die Ländereien die schlechtesten des Staates sind [2]), der

---

[1]) Reisen durch Südamerika, Bd. III, S. 362.
[2]) Nach Wappäus (S. 1821 und 1825) war die Produktion in Blumenau 1868 auf 2198 ha um etwa 20% geringer als auf den 1996 ha Kulturland in Donna Francisca, das notorisch unvergleichlich schlechteren Boden hat. Es ist dies also ein klassisches Beispiel für die Verlässlichkeit brasilianischer sog. statistischer Angaben.

Verdienst auch gering ist. Wenn nach den bei Lange
(»Südbrasilien«) angeführten Tabellen die 12317 Einwanderer, die von 1856—1882 daselbst ankamen, mit den 912 früheren Ansiedlern 1882 zu 19825 angewachsen waren, so hat hier wohl der Gewährsmann von Prof. Lange, Dr. Doerffel in Joinville, die Zahl der Fortgezogenen von der der Eingewanderten abgezogen, somit repräsentiert die angeführte Einwandererziffer bloss die ansässig gewordenen.

Alle Kolonieanlagen kosteten der Regierung Unsummen, so z. B. das relativ am besten verwaltete Blumenau bis 1880 circa 3000 Contos (6 Mill. M.). Damit waren 3000 Familien ansässig gemacht und die erforderlichen Wege gebaut. Für die Kolonie Brusque, die ziemlich mittelmässigen Boden enthält, sind noch grössere Mittel aufgewandt mit bedeutend gringerem Erfolge, der Export betrug 1889: 202 Contos gegenüber 640 in Blumenau. Azambuja soll 900 Contos gekostet haben, Grao Para 600. Die mit diesen grossen Regierungsmitteln gebauten Wege sind einfache Landstrassen, unchaussiert, nicht einmal mit Kies überfahren und daher bei jedem Regenguss fast unpassierbar, eine chausseeartige Strasse von etwa 100 km Ausdehnung ist mit einem Aufwande von über 1000 Contos von Joinville nach São Bento auf dem Hochlande gebaut worden. Für leichtere Angliederung an den Weltverkehr ist jedoch so gut wie nichts geschehen, Hafen- und Flusskorrektionen sind nicht unternommen worden, auch wo sie mit geringen Mitteln ausführbar gewesen wären, z. B. eine kurze Strecke im Itajahy, wo ein Felsriegel den Fluss durchquert, wäre mit verhältnismässig geringen Kosten (20 bis 30000 M.) zu verbessern gewesen und auf diese Art Blumenau für Küstendampfer erreichbar geworden. So aber sind die Transportbedingungen unglaublich kompliziert. Der Kolonist von Blumenau muss seine Produkte eine, bis zwei Tagereisen weit, bis zum Stadtplatz zu Wagen fahren, dort werden sie auf einen kleinen Flussdampfer von 90 cm Tiefgang geladen und flussabwärts nach der Mündung bei dem Hafenort Itajahy gebracht. Daselbst werden die Produkte auf einen Küstendampfer umgeladen, der sie nach der Hauptstadt Desterro bringt, wo allein ein Hauptzollamt sich befindet, dort werden sie verzollt und nochmals auf einen anderen Küstendampfer umgeladen, der zwischen Montevideo und Rio de Janeiro fährt. Ein- bis zweimal im Monat wird Itajahy allerdings von Küstendampfern angelaufen, die direkt bis Rio fahren, allein da sich in Itajahy nur ein Nebenzollamt, Mesa de rendas, befindet, wenigstens bis 1891 befand, so können nur wenige Produkte, vorzugsweise Holz, direkt abgefertigt werden. So kommen die Transportkosten nach Rio de Janeiro zwei- bis dreimal so hoch wie die von Europa nach Brasilien; für einen Sack (60 Kilo) bezahlt man gewöhnlich 1,6 Milreis Fracht bis Rio = 53 Mk. per Ton. Und doch hätten die biederen Blumenauer für dasselbe Geld, das ihnen 1880 ihr kleiner achtzehnpferdiger Flussdampfer Progresso kostete (circa 50 bis 60000 M.), sich bequem einen Küstendampfer von etwa 200 Tons anschaffen können, der, wenn auch nicht direkt bis Blumenau, so doch bis Gaspar (16 km unterhalb) hätte gelangen können, dem weiteren Verkehr hätte eine Dampfjolle genügt. Auf diese Weise wäre Blumenau, wenn auch auf dem Umwege über Desterro in direkte Verbindung mit Rio gesetzt. Aber es lag wohl im Interesse der Kaufmannschaft keine bequeme direkte Verbindung zu haben, denn dann hätte es ja auch manchen Kolonisten einfallen können, ihre Produkte nach Rio zu bringen und die Kaufleute hätten ihren, trotz hoher Spesen und Zölle, gewinnreichen Zwischenhandel verlieren können. Gegenwärtig haben fast alle Produkte in Blumenau (und auch in den südlichen Kolonien Azambuja u. s. w.) kaum den halben Wert wie in Santos oder Rio, die auf einem Küstendampfer bequem in 2—3 Tagen erreichbar sind. Um ein Beispiel anzuführen: wenn ein Sack (60 Kilo) Mais in Rio 6 Milreis kostet, bezahlt man am Tubarão oder in Blumenau 2—2½; für eine Arrobe (15 Kilo) Speck 4—5 Milreis, während sie in Rio 10—12 kostet. Der Exportzoll für in andere Provinzen (oder, wie man jetzt sagt, Staaten) gehende Waren betrug in Santa Catharina 10 % vom Werte [1]), die Tarifierung ist jedoch regelmässig zu hoch, so dass man noch mehr zahlte; für Mais bezahlte man z. B. 0,4—0,5 Mil-

---

[1]) Cf. Export 1884, S. 584.

reis pro Sack Zoll, wenn der Preis bloss 2—3 Milreis betrug. Für ins Ausland gehende Waren erhebt die Centralregierung 9 % Exportzoll, die Regierungen der Einzelstaaten 4%, Santa Catharina 5 %, wobei natürlich die Tarifierung auch zu hoch ist. Dazu kommt noch 1—2% Zuschlagszoll, den die Municipalverwaltungen einziehen. Eine Grundsteuer besteht dagegen nicht, diese wäre gegen das Interesse der Grossgrundbesitzer, die den maassgebenden Einfluss ausüben; von Einführung einer solchen Grundsteuer ist zwar oft die Rede gewesen, namentlich vor gerade bevorstehenden Deputiertenwahlen, um die Stimmen der Kolonisten zu gewinnen, nachher blieb aber alles beim alten. Sehr schlimm für die Entwickelung des Landes wirkt auch der Mangel eines Fachbeamtentums, die Beamten wechseln bei jedem Parteiumsturz, die Gouverneure (oder früher Provinzialpräsidenten) können aber auch jederzeit ihnen missliebige Beamten ohne den geringsten Grund entlassen, wenn sie gerade deren Posten einem Günstling oder Verwandten zuzuwenden für gut finden. Natürlich sorgt da ein jeder Beamter nur für den Augenblick; Maassregeln, die von dem einen getroffen werden, werden von dem Nachfolger gewöhnlich aufgehoben. Kenntnisse oder Bildung braucht kein Beamter zu besitzen, ja sie sind ihm oft geradezu gefährlich. Selbst die Schullehrer der Regierungsschulen und die Justizbeamten stehen und fallen mit ihrer Partei, daher gibt es ein Recht nur für die Parteigenossen, fast nie für die Gegenpartei.

So lange die Beamtenkorruption bestehen bleibt, so lange nicht für billige und bequeme Kommunikationsmittel gesorgt wird, solange die interprovinzialen Ausfuhrzölle, die den Fleiss besteuern und die Faulheit protegieren, bestehen bleiben und nicht durch eine vernünftig verteilte Grundsteuer ersetzt werden, ist an einen grösseren Aufschwung in Santa Catharina nicht zu denken. Gerade an diese schwerwiegenden Missverhältnisse ist in letzter Zeit bei der Empfehlung von Südbrasilien für Auswanderer viel zu wenig gedacht worden. Freilich könnten schon grosse kapitalkräftige Gesellschaften, die reell und sachverständig kolonisieren wollten, zunächst die besten unbesiedelten Privatländereien am unteren Itajahy und Araranguá ankauften und parzellierten, für bequemen, raschen und billigen Transport der Produkte sorgten, viel ändern, allein gerade daran fehlt es und wird höchst wahrscheinlich auch für die Zukunft fehlen. An Kolonisations- und Eisenbahngesellschaften freilich fehlt es nicht, namentlich die Einführung der Republik hat darin einen grossen Aufschwung gebracht, wie diese Gesellschaften geleitet werden und worauf sie basieren, darüber ein Beispiel: 1890 wurde eine Eisenbahn vom Estreito (gegenüber Desterro) nach Blumenau und zugleich vom Hafen São Francisco nach Blumenau konzessioniert. Von Blumenau sollte die Bahn nach dem Hochlande weitergeführt werden und mit einigen Zweiglinien zusammen 2000 km Länge haben, wobei für 30000 Milreis pro Kilometer 6 % Zinsengarantie gewährt wurde. Nun würden schon die circa 100 km lange Strecke Estreito-Blumenau, zusammen mit der eben so langen São Francisco-Blumenau, da sie über mehrere ungemein steile, bis zu 1000—1200 m hohe Bergketten führen, die garantierte Gesamtsumme von 60 Millionen Milreis sicher verschlingen, dabei wären diese Strecken vollkommen überflüssig, da der Itajahyfluss und die See viel billigere und bequemere Verbindung gewährt. Auch die weiteren Strecken würden sicher in einem Menschenalter noch nicht die Betriebskosten für eine Vollbahn aufbringen. Tertiärbahnen oder höchstens billige Sekundärbahnen wären vielleicht am Platze gewesen. Allein für zweckmässige, solide Anlagen, durch die man nicht im Handumdrehen reich werden kann, trifft man in Brasilien wenig Verständnis, — den Leitern solcher Gesellschaften aber, wie die eben erwähnte, kommt es ja im Grunde auch nur darauf an, von der Regierung augenblickliche Vorteile zu erlangen und die Aktien unterzubringen; was aus den Unternehmungen selbst wird, ist ja schliesslich gleichgiltig.

Wenn in Deutschland vielfach dem Erlass von der Heydt (durch den 1859 die Auswanderung von Preussen nach Brasilien erschwert wurde) die Schuld zugeschrieben wird, dass Südbrasilien nicht eine starke deutsche Bevölkerung habe, so beruht das auf optimistischer Täuschung oder Unkenntnis der thatsächlichen Verhältnisse. Seit den letzten 15 Jahren begünstigt die brasilianische Regierung durchaus nicht mehr die deutsche Einwanderung, da sie das Aufstreben und Erstarken des deutschen Elementes fürchtete; anstatt der Deutschen wurden Italiener eingeführt. Nun sind aber alle Kolonien in Brasilien von der Regierung oder doch von Privatleuten mit Regierungsunterstützung angelegt worden. Ohne Regierungsunterstützung war es daher unvorteilhaft Einwanderer anzusiedeln; der Bildung von landwirtschaftlichen Lohnarbeitern sind aber die Verhältnisse ungünstig. Alsdann ist zu beachten, dass überall, wo die Kolonien vernünftig angelegt und reell geleitet wurden, es durchaus nicht an deutschen Einwanderern gefehlt hat. Es ist hier an die Kolonie São Lourenço in Rio Grande zu erinnern, wo trotz Erlass von der Heydt, vorzugsweise Preussen (Rheinländer und Pommern) angesiedelt sind. Diese Kolonie bietet eben die günstigsten Absatzverhältnisse in Rio Grande do Sul. Im Gegensatz dazu konnte Donna Francisca, trotzdem es die Vergünstigung hatte, jährlich 1000 Kolonisten zu ermässigten Fahrpreisen von Hamburg einzuführen, nicht emporkommen — einfach, weil der Boden schlecht und auch die Leitung unbefriedigend war. Kolonisten, denen es gut geht, sind eben in der Regel bestrebt, ihre Verwandten und Bekannten nachkommen zu lassen, und da hilft denn kein Auswanderungsverbot, kein Erlass von der Heydt, es wird doch umgangen. Wo dagegen die Verhältnisse ungünstig sind, da hilft keine Reklame, die Einwanderung hört von selbst auf. Für Brasilien kommt noch in Betracht, dass namentlich in der letzten Zeit das nativistische, der Einwanderung feindliche Element, auch unter den Beamten maassgebenden Einfluss gewann und die Einwanderer vielfach systematisch oder vielmehr unsystematisch zu demoralisieren und zu Grunde zu richten suchte, wie das besonders 1890 bei der Masseneinwanderung von Deutschen und Polen hervortrat. Wären die Verhältnisse in Südbrasilien der Entstehung eines Neudeutschland, von dem Kolonialenthusiasten schwärmen, günstig gewesen, so hätte sich ein solches bereits gebildet; die Auswanderung von Deutschland nach Brasilien begann in diesem Jahrhundert, nicht später als die nach Nordamerika; auch der Unterschied der Entfernung kommt nicht in Betracht, denn die brasilianische Regierung gewährte häufig Passage zu ermässigten Preisen oder gar völlig freie Reise. Dass dennoch die Erfolge in der Kolonisation verhältnismässig gering sind, liegt an den eigentümlichen Verhältnissen, die ich hier mit berührt habe. Dass namentlich Santa Catharina in näherer Zukunft einen grösseren wirtschaftlichen Aufschwung nehmen werde, ist nach allen Anzeichen wenig wahrscheinlich.

Indem ich zum Schlusse meinen akademischen Lehrern an hiesiger Hochschule für die Förderung meiner Studien meinen aufrichtigsten Dank ausspreche, muss ich insbesondere des Herrn Prof. Dr. Pechuel-Loesche gedenken, dem ich vielfache Anregung und eine wesentliche Förderung des kritischen Verständnisses der Erdkunde verdanke.

www.ingramcontent.com/pod-product-compliance
Lightning Source LLC
Chambersburg PA
CBHW020937230426
43666CB00008B/1704